이 책을 소중한 ______님께 선물합니다.

# 병원 개원 세무

| 개정증보판 |

세무법인 진솔 · 택스스퀘어 지음

Vol. 1

좋은땅

## 세무법인 진솔

병의원 전문 세무법인으로 활동을 하며 지난 10년이 넘는 세월간 감사하게도 수많은 의사들과 인연을 맺게 되었다. 인연을 맺게 된 대표원장들을 보며 병원규모의 작고 크고가 중요한 게 아니라, 각각의 병의원 모두가 어린 시절부터 지난 세월 누구보다 열심히 살아온 대표원장 인생의 집약체로서 너무도 소중한 곳이란 생각은 점점 커져 간다. 진료에만 집중할 수 있도록 세무·행정적인 부분에서 가장 많이 하는 질문과 상황을 모아 책을 집필하였다. 수많은 의사들의 인생의 집약체가 탄탄해지는 데 이 책의 개원세무지식이 도움이 되면 좋겠다.

**[세무법인 진솔 주요 경력]**
(현)아임닥터, 메디굿 개원세미나 강연
메디게이트 세무자문협력사
오스템임플란트 덴올 TV강사
한국세무사회 법제위원회 위원, 한국세무사회 자격시험위원회 위원

**택스스퀘어**

택스스퀘어는 하루 대부분의 시간을 의사들의 세무를 위해 쓴다. 그리고 이런 하루는 10년을 넘어서고 있다. 메르스, 코로나, 의료파업, 병의원 기획 세무조사, 전공의 파업 등 각종 이슈와 함께 개원가에서 병원전문 세무사로 활동하면서 정말 수많은 일을 겪었고 이런 경험은 오롯이 노하우로 남았다. 병원개원세무는 우리가 가진 전문성을 바탕으로 개원을 준비하는 의사들에게 필요한 정보를 전달하고 싶어 집필하였다. 우리의 책이 대한민국의 의사들에게 도움이 되기를 기원한다.

**[택스스퀘어 주요 경력]**

닥터스퀘어, 유비케어(의사랑), 테라메디, 스타트닥터 개원 세미나 강사

공동개원 관련 조세소송 국내 세무기업 최초 승소

병의원 세무조사 전문 대응(일선 세무서, 국세청 병의원 기획조사 등 다수)

**단국대 석좌교수, 건국대학교 명예교수 장상근**

강력히 추천합니다. 대학병원에서 교수를 하고 정년 후 사회에 나와서 남은 앞날을 위해 고민하고 걱정하였고 개원 후 어려움을 겪을 당시 저자분의 도움을 통해 회계 세무 관리의 어려운 부분에 많은 도움을 받았습니다. 본인의 이러한 경험을 통해 세무와 경영에 정직하게 도움을 주는 분들의 책이 나와 강력하게 추천하는 바입니다.

**리뉴서울안과의원 대표원장 김명준**

환자를 잘 보는 것과 병원을 잘 운영하는 것은 별개의 영역입니다. 환자 진료와 병원 운영 두 가지를 스스로 해결해야 하는 개원은 쉽지 않지만 임상의사로서 도전해 볼 만한 일이라고 생각합니다. 자금 마련, 각종 지출, 수입 등 모든 돈과 관련된 활동들은 세금과 관련되어 있기 때문에 세무 관리가 필수적입니다. 하지만, 병원을 하는 선후배들에게 궁금한 점을 물어보면 한 가지 질문에 대해 다양한 답변과 의견들이 돌아오기 일쑤여서 혼란스럽기만 합니다. 이럴 때 병원 관련 경험이 풍부한 세무사가 주변에 있다면 큰 도움이 될 것입니다. 그런 세무사가 자신의 세무 관련 경험과 지식을 녹여 넣은 책을 세상에 내놓게 되었다는 소식을 전해 왔을 때 기쁘고 반가운 마음을 금할 길이 없었습니다.

개원이라는 도전을 앞둔 의사들에게는 필독서로 감히 추천드리고 싶고, 이미 병원을 운영하고 있는 의사들에게도 기존의 세무 지식이 맞는지 점검해 보고 정리할 수 있는 기회가 될 것으로 생각합니다. 또한, 책을 처음부터 끝까지 읽지 않더라도 세무 관련 궁금증을 그때그때 해결할 수 있는 레퍼런스로 옆에 두어도 좋을 책입니다.

### 웰키즈소아청소년과의원 대표원장 백인환, 손민준

개원하면서 시행착오를 겪었습니다. 이 모든 부분들을 8년 전에 알았으면 좋았을 걸 하는 생각이 드는 즈음 기다리던 책이 출고 되었네요. 개원 준비 중이신 많은 선생님들의 필독서로 강추합니다.

### 수원하나이비인후과의원 대표원장 김윤태

준비부터 막막한 개원의 세계. 친한 동료들한테도 답을 구할 수 없는 많은 질문들을 친한 세무사가 옆에서 족집게 과외를 해 주는 디테일하고 친절한 족보 같은 책.

### 압구정연세산부인과의원 대표원장 박나윤

항상 궁금했지만 그 누구도 자세히 알려 주지 않던 내용들을 족집게처럼 모아 놓은 책.

### 삼성메트로정형외과의원 대표원장 전병휘

개원 준비할 때 필요한 절차가 잘 정리되어 있고 개원 후에 평소 궁금했던 내용들도 잘 담겨 있어 개원 전, 후 여러 원장님들께 길잡이 같은 책으로 큰 도움이 될 것이라 확신합니다.

### 삼성바른내과의원 대표원장 박완

전래 동화처럼 선배들로부터 전해져 내려오던 개원 세무 노하우가 이제야 기록 문학으로 정리되는 것 같습니다. 개원가 의사들의 필수 고전으로 자리 잡게 될 것을 믿습니다.

### 서울미소치과의원 대표원장 김기준, 김현기

막막하기만 한 개원실무에 관한 내용을 속 시원히 설명해 주는 책입니다. 개원실무에 대해 잘 모르시거나, 어려움이 있는 분이라면 고민 없이 필히 보시기를 추천합니다.

### 힘내라병원 대표원장 김문찬

자신감 하나로 개원하여 낭패를 당하는 원장들이 많은데 유비무환의 자세로 사전준비나 예방하는 차원에서도 도움이 될 듯합니다. 실무에도 많은 도움이 되는 최고의 책인 것 같습니다.

### 이동훈연세정형외과의원 대표원장 이동훈

개원의가 실수하기 쉬운, 하지만 모르면 큰 문제가 될 수 있는 부분들을 세심하게 짚어 주는 내공이 충만한 책입니다. 개원의뿐 아니라 개원을 준비하는 분들께 큰 도움이 되리라 생각합니다.

### 리셋재활의학과의원 대표원장 이고은

선배도 동기도 잘 알려 주지 않던 개원 실무 디테일은 물론 더 이상 세무사한테 문자를 보내도 될까 고민하지 않게 만드는 최고의 책.

### 성모공감정신건강의학과의원 대표원장, 정신건강의학 네트워크 공감브랜딩 설립자 송민규

기다려 온 책입니다. 이 책이 진작에 있었다면 제가 개원 준비하면서, 그리고 개원 초기에 겪었던 많은 시행착오를 줄일 수 있었을 것 같습니다. 평소 궁금했던 내용들에 대해서도 명확히 답을 제시해 주고 있네요. 최선의 진료를 위해 힘쓰느라 상대적으로 부족할 수밖에 없는 원장님들께 경영, 경제 마인드를 일깨워주는 책입니다. 개원의와 개원 준비하시는 의사 분들 모두에게 필독서로 추천합니다!!

### 프라우드 비뇨기과의원 대표원장 이지용

약 7년 전에 개원을 할 때 의학적 지식 이외에 개원 관련 지식이 없었고 개원 관련 전문 서적도 없어서 어렵게 개원을 준비했던 기억이 납니다. 수년간 병원 전문 세무사로 일하면서 여러 병의원의 개원 관련 업무의 경험이 이 책에 모두 담겨 있다고 생각합니다. 개원을 준비하시는 분들에게 큰 도움이 될 것입니다.

### 제이엠가정의학과 대표원장, 제이엠헬스팩토리 대표이사 최정민

5년 전 의원개원을 시작하고 MSO법인사업을 시작할 때 세무에 관한 개념이 없을 때 전문적인 도움이 없었다면 자리 잡지 못했을 것 같습니다. 책의 내용은 개원이라고 하는 사업을 시작하는 원장님들께 큰 도움이 될 것입니다.

### 세종 서산부인과의원 대표원장 서정원

병원세무(실무)를 잘 아는 세무사들이 집필한 책이라 그런지 내용이 유용합니다. 개원의에게 꼭 필요한 책입니다.

병의원 전문 세무법인으로서 10년이 넘는 세월간 각자의 길을 걸어온 세무법인 진솔과 택스스퀘어는 21년 겨울 우연한 기회로 협업을 하게 될 일이 있었다. 협업을 하면서 자연스레 소통을 많이 하게 되었고 두 회사의 모든 역량을 쏟아부었던 프로젝트도 완벽하게 마무리되었다. 우리는 '같은 업종에서 경쟁을 하고 있지만 각자 조직의 핵심역량이 다르다'는 것을 알게 되었고, 두 조직의 핵심역량을 융합해서 시너지를 낸다면 보다 양질의 서비스를 제공할 수 있을 것이라 확신하였다. 이후 우리는 두 회사를 통칭하여 비공식적으로 **'진솔스퀘어'**라 부르자 하였다.

### 개원준비 및 초기의 원장들이 겪게 될 답답함을 해소해 줄 수는 없을까?

시너지를 내기 위해 지속적으로 소통을 하면서 자연스레 지난 10여 년간 병의원업계에서 겪은 일들을 이야기하게 되었다. 두 회사의 경험들과 겪은 일들이 놀랍도록 겹치면서 서로 공감대가 형성되었다. 입지를 잡고 행정절차를 앞둔 원장들의 문의점, 세금신고준비하면서 매출과 각종 비용에 대한 준비사항들에 대한 문의점.

이뿐만 아니라 동기들끼리의 단체방에서 잘못된 소식을 가지고 세무처리를 하고 있거나, 병의원 전문이 아닌 곳에서 세무 관리를 맡기던 곳, 세무에 관심 없어 물어보는 것조차 하지 않아 잘못된 방식으로 처리하고 있던 원장들….

이러한 이야기를 공유하면서 이를 대화 주제로만 끝내지 말고 정리해서 병의원원장들에게 도움을 줄 수 있는 무언가를 만들어 보자고 이야기하기 시작했다.

### 병의원원장 병원장들이 세무와 관련해 문의하는 질문은 90%가 겹친다!!

본 책은,

1. 절차 중심의 '개원형태결정 - 임대차계약단계 - 직원구인단계 - 개원행정단계' 질문

2. 세금신고 관련 중심의 '매출 관련 - 경비 관련' 질문

3. '소득공제 및 세액공제' 관련 내용으로 나누었다.

그리고 목차를 두 가지 버전으로 기재하였다.

책 서두의 '기본 목차'와 더불어 책 말미에 '상세한 목차'를 두며 각 주제별로 '관련 질문 사례'를 두어 해당 책을 한 번에 다 읽지 않더라도, 각 상황이 닥쳤을 때 언제든지 '병의원 세무처리 메뉴얼'로써 참고할 수 있도록 하여 그 효용성을 더하였다.


## 병의원운영과 관련된 세무지식을 얘기해 줄 때 세법지식이 필요할까?

책을 집필하며 세법지식과 법령을 기재하며 집필을 해야 할 것인가는 가장 고민이 되었던 부분 중 하나이다. 우리는 이번 책의 독자층을 "개원을 준비하는 혹은 만 3년 미만의 개원한 지 얼마 안 된 초기 병의원원장들의 세무처리와 세금관리에 대한 문의점을 쉽게 기술"하자는 데 의견을 모았다.

따라서 세법지식이 상당한 누군가가 보기에 이 책은 가벼워 보일 수도 있을 것이다. 하지만 책을 집필하며 중점적으로 둔 것은 "우리 두 회사가 세법적으로 있어 보이는 것"이 아닌 오직 "병의원 개원원장이 실무에서 맞닥뜨리게 되는 대부분의 상황에 대한 생생하고도 쉬운 대응방안 전달"로 두었기에 이와 같은 평가는 우리에게 중요치 않다. 초보자도 쉽게 읽을 수 있어 언제든지 반영 가능하고, 혹은 읽지 않더라도 해당 상황에 닥쳤을 때 메뉴얼처럼 쓰인다면 이 책의 존재가치는 다하였다 하겠다.


## 뜻깊은 인연들과 함께 나아간다는 것의 가치

마지막으로 지난 세월 동안 진솔스퀘어를 믿고 함께해 주신 3천여 병의원들과, 해당 자료를 정리하는 데 도움을 주며 묵묵히 업무를 도와주는 110여 명의 임직원들. 그리고 마지막으로 서로의 가치를 알아보고 함께하고자 하는 좋은 마음을 가진 서로의 회사 임직원들에게 깊은 존경과 감사를 표한다.

# 목차



## Ⅰ. 개원형태의 결정



## Ⅱ. 임대차계약 단계

# VI. 경비와 관련하여 개원 초기에 자주 하는 질문



# VII. 소득공제와 세액공제

# I

# 개원형태의 결정

# 병원 권리금의 세금문제

개원을 하면서 권리금을 지급하거나 병원을 양도하면서 권리금을 지급받는 경우가 있다. 이 경우 어떤 세금문제가 발생할 수 있는지 알아보자.

## (1) 양도하는 원장의 부가가치세 문제

병원은 미용 목적의 진료를 하는 경우 부가가치세 과세사업자로 분류하며 치료 목적의 진료를 하는 경우 부가가치세 면세사업자로 분류한다. 병원이 과세사업자인지 면세사업자인지에 따라 1차적으로 구분하고 포괄양수도[1] 여부에 따라 부가가치세 문제는 달라질 수 있다.

### 1) 과세사업자인 경우

#### 가. 포괄양수도인 경우

포괄양수도에 해당하는 경우에는 부가가치세법 시행령 제23조에 따라 부가가치세 과세 대상 거래로 보지 않아 세금계산서 발행의무가 면제되므로 양도한 원장은 부가가치세를 징수하지 않고 세금계산서를 발행하지 않는다.

#### 나. 포괄양수도가 아닌 경우

병원을 양도하면서 주고받는 권리금은 세금계산서 발급 대상에 해당[2]한다. 부가가치세

---

1) 부가가치세법 시행령 제23조에 따라 포괄양수도란 사업에 관한 모든 권리와 의무를 포괄적으로 승계시키는 것을 의미한다.
2) 대법원2007두25879. 점포를 양도하고 수령한 돈은 점포에 관한 임차권 등에 대한 무형의 재산적 가치의 양도대가라 볼 것이고,

는 10%에 해당하므로 병원을 양도하는 하는 원장은 세금계산서를 발행하고 양수인으로부터 10%의 세금을 추가로 받아야 한다.

만일 양수도대금을 1억으로 책정하고 1억만 받은 경우 세무 당국에서는 해당 금액을 부가가치세가 포함한 것으로 간주하여 추후 양도한 원장에게 10/110에 해당하는 9,090,909원의 부가가치세가 부과하고 관련 가산세도 부과하여 손해를 입을 수 있기에 유의해야 한다.

## 2) 면세사업자인 경우

### 가. 포괄양수도인 경우

면세사업자는 부가가치세를 징수할 필요가 없어 양도한 원장은 세금계산서가 아닌 계산서를 발행해야 한다. 언급한 바와 같이 포괄양수도에 해당하는 경우 계산서를 발행하지 않는다.

### 나. 포괄양수도가 아닌 경우

원칙적으로 계산서 발행 대상이므로 양도한 원장은 계산서를 발행해야 한다. 다만 과세사업자와는 달리 면세사업에 관한 것으로 양수인에게 10%의 부가가치세를 추가로 징수할 필요는 없다. 계산서를 발행하지 않는 경우 미발행으로 보아 추후 관련 가산세가 부과될 수 있다.

상기 내용을 종합하면 양수도 거래에서의 부가가치세 문제는 다음과 같다.

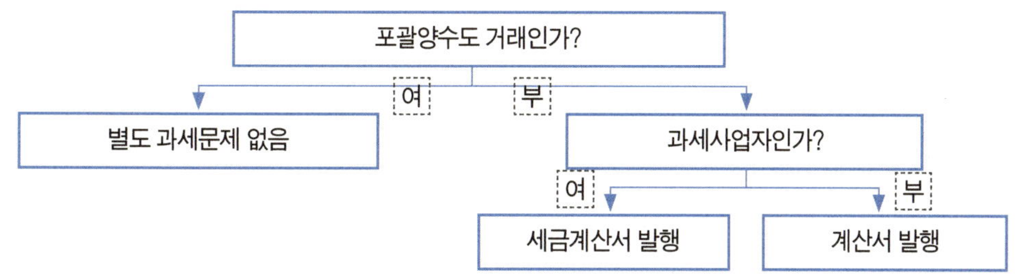


---

이는 재산적 가치가 있는 권리의 공급이므로 부가가치세 과세 대상이라 할 것임.

## (2) 양수한 원장의 권리금에 대한 원천징수와 양도한 원장의 소득세

### 1) 양수한 원장의 원천징수의무

병원 양수도 거래의 실무에서 의미하는 권리금 총액은 세금을 포함한 금액인 경우가 많으므로 권리금을 지급할 때에는 세금을 제외하고 지급해야 한다. 권리금은 소득세법에 따른 기타소득으로 분류[3]하며 권리금을 받는 양도 원장의 입장에서 1억을 받았다고 해서 1억이 모두 과세되는 것이 아니라 60%를 필요경비로 공제[4]해 주므로 4천만 원에 대해서만 소득세를 납부한다.

4천만 원에 대해 적용되는 원천징수세율은 22%이므로 원천세는 880만 원으로 산정한다. 이를 권리금 총액에서 차감한 후 차액인 9,120만 원을 양도 원장에게 지급하고 양도 원장의 원천세 880만 원을 세무서에 대납해야 한다. 이는 법으로 정한 의무[5]행위로 이러한 법적 절차를 무시하고 진행하는 경우 양쪽 모두에게 세법상 불이익이 발생할 수 있다.

참고로 실무에서는 이를 모두 반영하여 권리금 총액에서 8.8%가 차감한다는 표현을 사용하는 경우가 있는데 이는 위의 계산을 미리 반영(과세소득비율 40% × 원천징수세율 22%)하여 권리금 총액에서 원천세를 바로 계산할 수 있게끔 정리한 것이다.

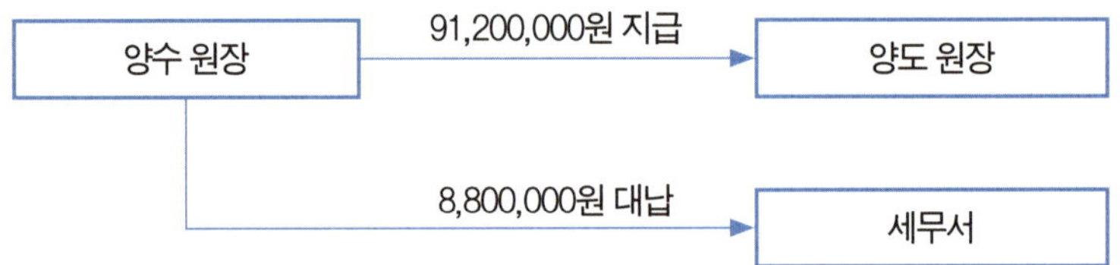


---

3) 소득세법 제21조 [기타소득] 제1항 7호
4) 소득세법 시행령 제87조 1호의 2
5) 소득세법 제127조 [원천징수의무] ① 국내에서 거주자나 비거주자에게 다음 각호의 어느 하나에 해당하는 소득을 지급하는 자는 이 절의 규정에 따라 그 거주자나 비거주자에 대한 소득세를 원천징수하여야 한다.

## 2) 양도한 원장의 종합소득세 신고 의무

양도 원장은 권리금이라는 소득이 발생하였으므로 이에 대한 종합소득세를 납부해야 한다. 권리금에 대한 세금은 병원을 양도한 날이 속하는 해의 다음해 종합소득세 신고에 반영하며 언급한 바와 같이 1억을 받았다고 해서 1억이 모두 과세되는 것은 아니고, 60%를 필요경비로 공제해 주므로 4천만 원에 대해서만 세금을 납부한다. 양도 원장의 입장에서는 권리금을 받을 때 880만 원을 세금명목으로 받지 못했는데 종합소득세 신고에 합산되면서 한 번 더 세금을 납부하는 것 같지만 880만 원은 선납세금으로 종합소득세 신고 시 확정한 권리금에 대한 세금에서 차감한다. 이 과정은 다음과 같이 요약할 수 있다.

양도 원장의 세금효과 (양도 원장의 종합소득세율은 49.5% 가정)
가. 권리금에 대한 확정 세금: 1,980만 원 (49.5%)
나. 권리금에 대한 양도 당시 원천세: 880만 원 (22%)
다. 추가납부세금 (가-나): 1,100만 원

사례에서 볼 수 있듯이 1억의 권리금 중 세금을 내야하는 4천만 원에 대하여 권리금을 받을 때는 원천징수세율(22%)로 먼저 세금을 낸 후 그 다음해에 양도 원장의 종합소득세율(49.5%)로 세금이 확정되므로 세율차이만큼의 세금정산이 발생한다. 한편 양도 원장의 세율이 원천징수세율(22%)보다 낮은 종합소득세율(6.6%)로 과세되는 경우에는 다음과 같이 880만 원의 세금 중 일부를 환급받을 수 있다.

양도 원장 1억의 세금효과 (양도 원장의 종합소득세율은 6.6% 가정)
가. 권리금에 대한 확정 세금: 264만 원 (6.6%)
나. 권리금에 대한 양도 당시 원천세: 880만 원 (22%)
다. 환급세금 (가-나): 616만 원

## (3) 양수도 거래에서의 세금분석

상기 양수도 거래에서 양도 원장과 양수 원장의 세금은 다음과 같이 구분할 수 있으며 세금
효과는 다음과 같다.

|  | 양도 원장 | 양수 원장 |
|---|---|---|
| 권리금 | 100,000,000 | 100,000,000 |
| (-) 공제액 | 60,000,000 | - |
| 기타소득금액 | 40,000,000 | - |

| 세금효과 | | | |
|---|---|---|---|
| 세율 | 양도 원장 | 양수 원장 | 세금 효과 |
| 6.6% | 2,640,000 | 6,600,000 | 3,960,000 |
| 16.5% | 6,600,000 | 16,500,000 | 9,900,000 |
| 26.4% | 10,560,000 | 26,400,000 | 15,840,000 |
| 38.5% | 15,400,000 | 38,500,000 | 23,100,000 |
| 41.8% | 16,720,000 | 41,800,000 | 25,080,000 |
| 44.0% | 17,600,000 | 44,000,000 | 26,400,000 |
| 46.2% | 18,480,000 | 46,200,000 | 27,720,000 |
| 49.5% | 19,800,000 | 49,500,000 | 29,700,000 |

44%의 세율을 적용받는 원장의 경우라면 양도 원장이 권리금으로 인해 내야 될 세금은
17,600,000원이고 양수 원장은 권리금을 경비처리하여 얻는 절세효과가 44,000,000원이다. 1
억 원에 대해 신고한 점은 동일함에도 둘의 세금 효과가 차이가 나는 이유는 언급한 바와 같
이 양도 원장은 권리금의 60%를 경비로 인정받아 총 권리금 1억 중 4천만 원에 대해서만 세
금을 내기 때문이다.

만일 권리금을 주고받은 뒤 세금신고를 생략한다면 상기 원천징수의무를 미이행한 것에 대
해 지급명세서 제출 불성실 가산세와 원천징수 납부불성실 가산세 등이 부과될 수 있으며 양

수 원장은 권리금을 지급하고도 이를 비용에 산입할 수 없기 때문에 큰 손해가 발생할 수 있다. 또한 양도 원장도 추후 세무조사 시에 권리금을 신고하지 않는 점에 대해 과세문제가 발생할 수 있다.

권리금에 대한 세금문제를 고려하지 않고 권리금 총액만을 기재한 후 거래하는 경우 권리금 총액이 세금을 포함한 금액인지 아닌지에 대한 법적분쟁도 발생할 수 있으므로 유의해야 한다. 또한 나중에 양도 원장이나 양수 원장 측에서 세무조사 등으로 인한 세무문제가 발생했을 경우 해당 세금은 누구에게 귀속시켜야 하는지도 문제가 될 수 있으므로 성실하게 신고해야 한다.

# 병원 양수도 시 유의점

## (1) 기존 병원의 부채문제

기존에 존재하던 양도 원장의 부채에 대해 양수 원장에게 상환을 요구하는 경우가 있을 수 있다. 이러한 부채에는 전자차트, 제약회사, 의료기기 회사 등 업체에게 지급하지 않은 금액도 있을 수 있지만 임차료, 관리비, 전기요금, 수도요금 등 공과금에 대한 미납이 있을 수도 있다. 그러므로 병원을 양수하면서 양수 원장에게는 양도 원장의 기존 부채가 아무런 영향을 미치지 않는 점을 양수도 계약서에 명확하게 기재하는 것이 좋다.

## (2) 미지급 급여와 퇴직금 정산

병원을 양수하면서 기존 병원에 근무하던 직원들의 고용을 승계하는 경우가 많다. 이 경우 해당 직원에게 지급되지 않은 급여나 퇴직금 등이 있으면 양도 양수일을 기준으로 금액을 파악하여 양도하는 원장이 정산해야 하며 이러한 내용들을 양수도 계약서에 기재하는 것이 좋다.

특히 양수도 당시 근속기간이 1년 미만인 직원들이 있을 수 있는데 법적으로 1년 미만의 직원에게는 퇴직금 지급의무가 발생하지 않지만 이러한 직원들의 고용을 승계하는 경우 퇴직금의 지급기준이 되는 입사일을 양수일이 아니라 양수 전 직원의 입사일을 기준으로 판단해야 할 수 있으므로 이에 관한 사항도 사전에 양도 원장과 협의해야 한다.

## (3) 양도 원장의 협력의무 기재

양수도 계약서를 쓸 당시에는 협조적인 듯하지만 막상 양수과정이 시작되면 양도 원장이 연락이 안 되고 협조가 되지 않는 경우가 있다. 양수 과정에서 세금 정리에 관한 문제뿐만 아니라 치료했던 구환에게 문제가 생기는 등 진료 측면에서도 양도 원장의 협조가 필요하므로 양수도 계약서에 이러한 협조의무를 기재하고 미이행 시 양도 원장의 귀책으로 양수도 계약이 해지될 수 있음을 기재하는 것이 좋다.

그리고 양도한 병원이 소재한 시군구에는 개원을 할 수 없다는 등의 재개원 금지 조항을 기재하는 것이 좋다.


### (4) 임대인과의 임대차계약 내용 확인

병원을 양수하는 경우 기존의 임대차계약서를 승계한다. 그러므로 양도 원장과 임대인이 작성한 기존의 임대차계약서를 미리 확인하고 수정하거나 정정할 내용이 있는지 확인해야 한다.


### (5) 용도변경 등 건물 자체의 문제

병원을 운영하던 자리가 아니라면 병의원 허가를 위해 업종변경 등 예상 못 한 비용이 발생할 수 있다. 또한 병원을 운영하던 자리라도 허가를 오래전에 받은 경우 새로운 규정을 적용 시 허가를 받기 어려운 경우가 있다.

이로 인해 병원의 개원일자가 미뤄지는 경우가 많으므로 개원지 관할 보건소에 병원이 개설 가능한 곳인지 확인해야 한다.


### (6) 사업자등록 시점에 관한 문제

원칙적으로 사업자등록은 보건소에서 의료기관 개설허가 절차를 마무리 한 뒤 가능하다. 하지만 실무에서 해당 시점에 사업자 등록을 하게 되면 대출지연 문제, 심사평가원 청구 지연 문제, 카드 단말기 개통 지연으로 인한 수납 문제, 사업자 회원으로 구인구직이 불가능하여 구인이 지연되는 문제 등이 발생할 수 있다. 양수 개원의 경우 양도 병원의 폐업예정신고, 양수 병원의 사업계획서와 개원을 증빙할 수 있는 서류들로 개설허가 전에 사전 발급이 가능하므로 미리 사업자등록을 하고 준비해야 한다.

# 병의원 양수도 계약서

- 의료기관명: ○○○○의원
- 소재지: 서울특별시 강남구 ○○○
- 면적: 411m$^2$
- 용도: 제1종 근린생활시설
- 전화: 00-000-0000
- 팩스: 00-000-0000

양도인 ○○○원장(이하, "갑")과 양수인 ○○○원장(이하, "을")은 위 소재지의 의료기관(이하, "본건 의료기관")에 대하여 다음과 같이 양도, 양수 계약(이하, "본 계약")을 체결한다.

제1조. 목적
본 계약은 양도인이 현재 진료 중인 본건 의료기관을 양수인이 인수하여 양도일 이후 운영 하는데 있어 필요한 상호간 권리와 의무등을 규정함을 목적으로 한다.

제2조. 양도범위 및 내용
① 양도인은 ○○○○년 ○○월 ○○일(이하, "양도기준일") 양수인에게 아래 각호의 사항을 양도한다.
1. 양도인이 본건 의료기관에 대해 가지고 있는 영업권 포함 일체의 권리
   (간판, 상호, 옥외광고물, 전화번호, 팩스번호 포함)
2. 양도인이 본건 의료기관에서 보유하고 있는 의료장비, 기구 기타시설물 일체
3. 양도인이 본건 의료기관 운영과 관련 소유, 관리하고 있는 진료기록부
4. 기타 본건 의료기관의 운영에 필요한 일체의 권리, 시설 및 서류 등
5. 양도 제외품목은 레이저, 수술관련 일부재료, 카메라, 개인비품, 금고
② 양도, 양수하는 의료장비 및 기구, 기타 시설물 등의 목록은 별도의 양도 양수 물품목록에 기재하여 별지로 첨부하기로 한다.

제3조. 양도대금
양도대금은 아래와 같이 지급하기로 한다.

| | | |
|---|---|---|
| 시설장비대금 | ○○○○원 | |
| 권리금 | ○○○○원 | 임대보증금 ○○○○원은 임대인에게 지급한다. |
| 합계 | ○○○○원 | |
| 계약금 | ○○○○원 | |
| 중도금 | ○○○○원 | |
| 잔금 | ○○○○원 | |
| 양도시기 | ○○○○년○○월○○일 | |

*입금계좌: ○○은행 ○○○-○○○-○○○○ 예금주 ○○○

제4조. 기존 환자에 대한 책임

① 양도일 이후에 발생하는 모든 A/S는 양수인이 책임 지기로 한다. 단 양도기준일 이전까지 양도인의 의료기관에서 진료한 환자중 의료법상 중대한 문제가 발생한 경우(의료분쟁, 소송, 환불 등)양수인이 환자의 요구에 대한 응대가 어려울 시 양도인에게 의뢰할 수 있고 만약 양도인의 사유로 원인이 있다면 양도인이 책임지기로 한다.

② 환자 인수인계를 위한 교차진료는 상황에 따라 양도인과 양수인이 협의하여 정하기로 한다.

③ 양도일 이전에 선납된 환자들의 현금 영수증 발급등은 양도인이 책임지기로 한다.

④ 양도인이 진료한 환자 중에서 미처 확인되지 못한 선불금 및 누락된 환자는 잔금 후 3개월 후 추가정산 한다.

⑤ 기존의 치료 환자 중 잔금 후 3개월 이내의 환불 발생시 양도인이 현금으로 지급하기로 한다.


제5조. 기존직원에 대한 사항

① 양도인은 본건 의료기관에서 근무하고 있는 모든 직원(이하, "기존직원")과의 고용 관계를 양도 기준일까지 종료하고, 해당 직원에 대한 고용주로써 급여, 퇴직금 및 4대보험료 지급등 관계 법령상의 책임을 부담한다. (단 양도인의 의료기관에서 근무하는 직원을 계속해서 양수인이 고용할 경우 양도인이 고용하여 1년이 되지 않아서 발생되지 않은 퇴직금은 해당 직원의 근무월수를 12등분하여 고용한 만큼의 퇴직금을 양도인이 지급한다.)

② 양도인은 기존 직원간의 고용관계를 종료하며, 양수인은 기존 직원과 개별 협의를 통해 새로운 고용계약 체결 여부를 자율적으로 결정하고, 양도인은 양수인과 협의나 허락없이 기존에 근무하던 직원을 다른 사업장으로 데려가지 않기로 한다. 단 을이 채용하지 않은 직원은 갑이 운영하는 의료기관에 취업할 수 있다.


제6조. 조세

본건 의료기관 운영에 관하여 발생하는 수익의 귀속과 이에 따른 조세 공과금 등의 부담은 양도 기준일까지 발생한 부분은 양도인에게 그 이후에 발생한 부분은 양수인에게 각각 귀속한다. 양도인과 양수인은 본 계약에 따른 영업권(권리금)양도와 관련하여 세금 발생시 관계법령에 따라 잔금 지급일에 양도소득에 대한 원천징수세금(권리금의 8.8%)를 잔금에서 제외하고 잔금 지급일에 잔금을 지급하기로 한다.


제7조. 기존 임대차 계약의 처리 등

① 양도인은 본건 의료기관 소재 임대인과 체결한 임대차계약을 양도기준일까지 종료하고 임대인에 대한 임대료와 관리비등 일체의 비용을 정산한다.

② 양도인은 계약후 중도금 일자를 전후로 하여 을이 건물주와 임대차 계약서를 작성할 수 있도록 사전 준비해야 한다.

③ 양도인은 임대료 인상이 가능한 되지 않도록 노력을 하며 양도인의 노력에도 불구하고 임대 조건이 크게 변동(통상적인 범위로 현 임대료의 20% 이상 증액시)되거나 임대차계약을 할 수 없는 경우 본 계약은 원천무효이며, 양자간 배상액 없이 받은 금액을 돌려주기로 약정한다. 즉 을은 양수도 계약을 해지할 수 있고 그 책임을지지 아니하며 갑은 받은 금액 전액을 을에게 즉시 환불한다.

④ 현재 임대보증금은 ○○○○원, 임대료 ○○○○원, 관리비 ○○○○원이다.

⑤ 임대차 계약은 중도금 이전에 시행한다.

⑥ 현재 등기부등본상 한국자산신탁에 가처분신청이 되어 있으므로 등기부등본에 기재사항이 삭제되기 전까지는 보증금 ○○○○원의 지급을 유예한다.


제8조. 양도인의 의무

① 양도인은 양도기준일까지 본건 의료기관 운영중 발생한 아래의 각 호의 채무를 책임지고 정산한다.

모든 거래업체에 대한 일체의 채무

2. 의료장비, 기구, 전자제품에 관한 할부 및 리스비용

3. 전기요금, 상하수도요금, 통신비, 인터넷 요금 등 일체의 제세공과금과 관리비용

4. 기타 양도인이 본건 의료기관 운영과 관련하여 부담한 일체의 채무

② 양도인은 본 계약 체결일부터 3년 내에 본건 의료기관 소재지 기준 반경 3km이내에서 의료기관을 개원, 운영하지 않기로 한다. 양도인이 본 항의 동종업종 금지의무를 위반하는 경우 양수인에게 제 3조의 양도 대금의 2배의 비용을 배상하기로 한다.

③ 양도인은 양수인의 허락없이 진료기록부를 복사하거나 유출하지 않으며 기존 환자에게 연락하여 다른 사업장으로 데려가지 않기로 한다. 이를 위반하는 경우 양수인에게 제3조의 양도대금의 2배의 비용을 배상하기로 한다. (단, 가족 및 친인척, 지인 등의 환자와 양도인이 꼭 마무리해야할 환자는 양수인과 사전에 협의하여 복사하여 반출한다.)

④ 본건 의료기관에 관하여 검찰, 경찰 등의 고소,고발이나 보건소 행정처분등이 있을 경우 숨김없이 양수인에게 고지한다.

제9조. 시설 및 장비 유지관리

① 양도인은 본건 의료기관의 시설물(계약시 현재 상태의 전화, 인테리어 시설물 및 옥외 광고물, 의료장비 및 기구 비품, 기자재 등)일체를 양도시까지 유지, 보수할 책임을 지며, 양수인은 계약시 현재 상태의 시설장비의 상태를 확인하고, 계약일 이후 파손이나 고장, 멸실에 대하여는 양도기준일까지 양도인에게 이의를 제기하고 유지, 보수를 요청할 수 있으며, 이에 양도인은 사용할 수 있도록 유지, 보수하여 주기로 한다. 단, 양도후에 파손, 고장, 멸실 부분은 양도인이 책임지지 않는다. 양도인은 의료장비 및 기구, 기자재 등을 양수자의 허락없이 매각 또는 처분하거나 그 가치를 저감시켜서는 안된다. (장비 및 기구의 교환 및 대체 포함)

② 본 건 의료기관의 양도 기준일 전에 발생한 시설물의 유지보수 및 장비의 A/S 비용은 양도인이 부담하고 양도 기준일 이후 발생하는 시설물의 유지보수 및 장비의 A/S비용은 양수인이 부담하기로 한다.

제10조. 비밀유지의무

① 양 당사자는 본 계약의 체결 및 이행과정에서 취득하거나 제공 받은 모든 정보 및 자료에 대하여 비밀을 유지하고 상대방의 사전 동의 없이 이를 제3자에게 누설, 제공 또는 공개하지 않기로 한다. 만약, 비밀 누설로 인하여 손해를 끼쳤을 경우 그 손해액을 배상하기로 한다.

② 양도 기준일 이후 기존 환자가 양도인의 연락처 및 이전한 근무지 등 양도인의 개인정보에 대한 요구시 양수인은 양도인의 동의나 허락없이 이를 제공하지 않기로 한다.

제11조. 계약의 해제

① 양수인이 계약금 일부 지급후 본 계약 체결 이전 또는 중도금을 지불하기 전까지 양도인은 계약금의 배액을 배상하고 양수인은 계약금을 포기하고 본 계약을 해제할 수 있다.

② 중도금 지급 이후 또는 보건소에 양도, 양수를 위한 서류접수 이후에는 잔금과 별도로 모든 권리가 인수, 인계 된 것으로 간주하여 양도인과 양수인 모두 계약을 해지할 수 없기로 한다. (단 양수인이 계약금과 중도금을 포기하거나 양도인이 양수인에게 지급 받은 금액의 2배를 배상하고 쌍방 합의된 경우에는 취소할 수 있고 보건소 등의 관공서 업무가 이미 처리된 경우 원상 복구하는 서류를 상대방에게 제공하기로 한다.)

제12조. 손해배상

① 당사자가 본 계약에 규정된 의무를 이행하지 않거나 본 계약을 위반한 경우 그 위반 당사자는 상대방에 대하여 그 불이행에 대하여 전적으로 책임을 지며, 그에 따른 일체의 손해금액의 2배를 배상함과 동시에 상대방이 요구하는 적절한 조치를 취하여야 한다.

② 잔금이 완납되는 등 양도 양수가 이루어진 이후에도 상호간 협의할 사항이 발생시 핸드폰 등(서면, 유선, 인편)으

로 연락을 받게 될 경우 성실히 협조하기로 한다.

제13조. 분쟁조정
① 본 계약에 규정되지 아니한 사항 및 본 계약의 해석상 이의가 있을때에는 당사자간 합의로써 해결하고, 합의되지 않은 사항은 일반적으로 인정되는 상관례에 따른다.
② 본 계약과 관련하여 분쟁이 발생하는 경우 분쟁조정은 관할법원에서 하기로 한다.

제14조. 협조의무
① 양도양수 후 양수인의 능력에 따라 의료기관의 전반적인 운영상황이 달라질 수 있으므로 상기 계약서에 명시된 내용 이외에 매출의 증감 및 의료기관의 운영에 관련하여 민, 형사상 어떠한 책임도지지 아니한다.
② 본 계약을 위한 당사자들은 계약을 위한 개인정보 제공 및 활용에 동의하기로 한다.

제15조. 관할합의
이 계약과 관련한 분쟁의 관할법원은 서울중앙지방법원으로 한다.

제16조. 계약서 작성 및 보관
상호 성실성의의 원칙에 따라 계약에 임하도록 하며 본 계약의 내용을 증명하기 위하여 각각 서명 날인 후 1부씩 보관하기로 한다.

○○○○년 ○○월 ○○일


양도인
"갑"
성명:                 (인)
주민등록번호:
주소:

양수인
"을"
성명:                 (인)
주민등록번호:
주소:

# 3

# 브랜드 병원(네트워크 병원)의 장단점

### (1) 브랜드 병원의 장점

브랜드 병원에 가입하여 개원하는 경우 다음의 장점이 있을 수 있다.

### 1) 마케팅에 대한 피로도 해소

브랜드 병원의 대표적인 장점은 병원 브랜드에 대한 환자의 높은 인지도를 개원하자마자 확보할 수 있고 마케팅에 신경 쓰지 않고 의료에 집중할 수 있는 점이다. 개원하는 의사들은 개원이 처음인 경우가 대부분이라 개원 초기에 가장 고민하는 부분이 환자의 유입이고 개원 후에도 마케팅에 대한 고민을 많이 한다. 의료 본연의 부분이 아닌 경영상의 부분이라 의사들은 익숙지 않음에 대한 스트레스를 호소하는 편이며 이를 브랜드 병원을 통해 해결할 수 있는 장점이 있다.

### 2) 의료기술에 대한 교육

브랜드 병원은 특정 의료 분야에 특화한 경우가 많다. 브랜드 병원의 메인 진료항목이 개원하는 의사가 이미 알고 있는 경우라도 지식교류를 통해 새로운 의료를 배워 나갈 수 있으며 지식이 부족한 경우라도 배워 나갈 수 있다.

### 3) 재료비 절감효과

브랜드 병원에 소요되는 의료 재료들은 브랜드 병원 전체에서 일괄적으로 매입하는 경우가

대다수다. 그러므로 업체에 대해 구매력을 확보하여 단독개원으로 구매했을 때보다 할인을
받을 수 있는 효과가 있다.


### 4) 인사노무 측면

개원의들이 많은 피로감을 호소하는 항목이 인사노무에 관한 사항이다. 브랜드 병원에서
는 직원이 갑작스레 이탈하더라도 본원 또는 다른 지점을 통해 동일한 업무를 수행할 수 있는
역량을 지닌 직원의 도움을 받을 수 있다.

그리고 직원을 채용할 때에도 브랜드 병원의 높은 인지도를 바탕으로 우수한 인재를 우선
확보할 수 있는 기회를 가질 수 있다.


### 5) 컨설팅 측면

일부 브랜드 병원에서는 개원입지, 자금, 마케팅, 인테리어, 세무 등의 컨설팅을 외부업체와
제휴하여 진행하는 경우가 있다. 이런 경우 해당 브랜드 병원의 장점을 잘 아는 전문가들의
도움을 받아 개원할 수 있기에 개원에 대한 리스크를 줄일 수 있다.


다음은 브랜드 병원의 단점에 대해 살펴보겠다.


## (2) 브랜드 병원의 단점


### 1) 비용 문제

브랜드 병원은 가입하는 시점에서 개원에 대한 컨설팅비를 지급하고 개원 이후 매월 본원
에 브랜드 사용료와 컨설팅비를 지급하는 경우가 많다. 이러한 비용이 브랜드 병원에 따라 높
게 책정되는 경우 과다한 지급금액에 대해 부담감을 느낄 수 있다. 그러므로 브랜드 병원에
가입하고자 하는 경우 대략적인 손익을 계산해 보거나 세무사의 도움을 받아 손익을 판단한
뒤 적정한 금액인지를 따져 볼 필요가 있다. 이러한 검토 없이 막연히 가입하는 경우 개원 뒤

에 지출되는 금액에 대해 부담감을 느낄 수 있다.


## 2) 업체 선정에 대한 문제

브랜드 병원은 언급한 바와 같이 특정 업체와의 독점계약을 통해 본원과 지점의 구매력을 확보하여 가격의 절감이나 서비스의 향상을 도모하는 경우가 많아 본인이 희망하는 업체와 계약을 하는 것이 어려울 수 있다. 다만 본인이 직접 찾아보는 업체에 비해 브랜드 병원이 거래하는 업체들이 우수할 가능성이 높아 큰 단점으로 보기는 어려울 수 있다.


## 3) 상권에 대한 문제

브랜드 병원의 장점이 환자 입장에서는 어느 지점을 가더라도 비슷한 수준의 의료 서비스를 제공받을 수 있으나 이미 지점이 개원한 지역 인근에 다른 지점이 개원을 하는 경우 환자가 겹쳐서 문제가 발생할 수 있다. 이를 대비해 보통 브랜드 병원에서는 권역을 구분하여 지점 간 환자가 겹칠 수 있는 지역에는 최대한 신규 개원을 지양하는 것으로 보인다.


## 4) 관리 측면에서의 문제

브랜드 병원에 가입한 지점원장들은 개원 후 연차가 지나면 본원에서 신규로 개원하는 지점 위주로 관리에 집중한다는 불만을 갖는 경우가 있다. 이는 지점원장들이 주로 호소하는 문제로 매우 주관적인 부분이긴 하지만 실무에선 다수 발생하는 사례로 보인다.

# 공동개원 시 동업계약서 작성의 유의사항

    동업계약서가 문제가 되는 경우는 보통 동업이 해지되는 시점이고 동업해지 시점에 이르러 첨예하게 대립하는 사안은 탈퇴하는 원장에 대한 권리금 산정 문제이다. 나아가 탈퇴하는 원장이 인근에 개원을 해 버리는 경우에도 갈등이 발생할 수 있다. 천재지변, 신변 문제 등을 제외하고는 동업을 해지하는 시점에는 동업을 시작할 당시와는 달리 감정이 소원해진 상태에서 헤어지는 경우가 많다.

    권리금의 경우 동업계약서에 명확하게 기재하지 않으면 추후 법원이 선임한 감정인 등을 통해 외부 감정을 의뢰하며 이때 산정한 금액은 과다 또는 과소하여 상호 합의가 되지 않는 경우가 많다. 그러므로 동업계약서를 작성할 때 권리금은 "동업 관계를 단순변심 등으로 인해 중도해지하는 경우에는 투자금의 50%만 지급하는 것으로 한다." "동업자와 관계없는 외부 감정인 2개 업체를 산정하여 계산한 권리금의 평균가액으로 한다."는 등의 구체적인 문구를 기재해야 하며 작성한 계약서에 대해 의료전문 변호사의 자문을 받을 것을 권고한다.

    권리금이 정해진다면 동업계약이 해지되는 경우 탈퇴하는 원장은 본인의 지분을 남아있는 원장에게 양도한다. 이 단계에서 병원 전체의 지분가치는 병원 전체의 권리금과 동일한 개념으로 볼 수 있다.

    동업계약 해지시점에 병원의 지분가치는 병원의 평판, 병원 브랜드 가치, 신환 유입률, 구환 재진률 등 무형의 자산과 병원 자체에 투자한 인테리어, 의료장비 등 유형의 자산을 합쳐서 결정한다.

예를 들어 탈퇴하는 시점에 병원 전체의 지분가치가 10억 원이고 병원의 유형자산의 가치가 4억 원이라면 병원의 무형자산의 가치는 차액인 6억 원이 되는 셈이다. 탈퇴하는 원장의 지분이 50%라면 탈퇴하는 원장의 지분가치는 5억 원이고 이중 2억 원이 유형자산, 3억 원이 무형자산이 되는 셈이다. 이에 대한 세금효과는 다음과 같다.

지분양도 원장(탈퇴하는 원장, 종합소득세율은 49.5% 가정)
과세되는 소득은 무형자산인 3억 원이며 이는 기타소득에 해당하여 60% 필요경비를 인정받고 40%에 대하여 종합소득세를 납부해야 한다. 앞서 언급한 병원 전체의 양도와 동일하게 지분양도 당시 원천징수세율(22%)로 세금이 선납되고 종합소득세를 신고하면서 종합소득세율(49.5%)로 세금을 확정한다.

가. 지분양도에 대한 확정 세금: 5,940만 원 (49.5%)
나. 지분양도 당시 원천세: 2,640만 원 (22%)
다. 추가납부세금 (가-나): 3,300만 원

지분양수 원장(남아 있는 원장)
지분양수 원장은 양도 원장에게 지급한 3억 원의 무형자산을 영업권으로 보아 5년간 경비처리 한다.

한편 탈퇴한 원장이 차트를 가지고 인근에 개원을 해 버리는 경우에도 문제가 될 수 있으므로 "일방적으로 계약을 해지하는 경우 기존 병원이 속해 있는 시군구에는 개원을 할 수 없다"는 등의 내용을 기재하는 것도 도움이 될 수 있다.

〈동업 계약서 양식〉

# 동업 계약서(공동개원 약정서)

본 동업계약서는 동업자 "○○○"(이하 "갑"이라 한다), "○○○"(이하 "을"이라 한다), "○○○"(이하 "병"이라 한다) 3명이 "○○의원"(이하 "의원"이라 한다)을 공동으로 개원함에 있어 상호 신뢰를 바탕으로 아래와 같이 약정하고 이를 증명하기 위하여 작성한다.

제1조 (목 적)
본 동업계약서는 의원을 공동개원 함에 있어 의원운영에 따른 제반사항을 규정하고 , 갑과 을간에 발생할 수 있는 이견과 분쟁에 대한 합리적 해결방안을 모색하고, 향후 의원경영의 효율성을 높이며 동업자간의 경제적 이익을 보호하고 도모하는데 그 목적이 있다.

제2조 (동업자)
의원의 공동개원을 목적으로 출자금을 납입한 본 계약서의 약정자 3인을 말한다.

제3조 (의사결정방식)
동업자간 쌍방합의에 의한다.

제4조 (출자금)
출자금은 의원을 개원하기 위한 기본자금을 약정하여 동업자가 납입한 금액을 말하며 동업자간 출자액은 갑 ○○%, 을 ○○%, 병 ○○%으로 한다.

제5조 (운영비 및 손실금 부담)
① 기간별 경영활동에 따른 운영비가 자본금으로 운영되지 못 할 시에는 소요되는 운영비를 동업자의 지분비율에 따라 일시 분담하고, 단기차입금 또는 일시가수금으로 처리한다.
② 기간별 의원경영을 결산하여 적자경영으로 손실금이 발생하였을 경우 지분비율에 따라 손실금을 분담하고 자본금으로 전입한다.
③ 전 1항의 약정에 따라 입금한 단기차입금 또는 일시가수금은 동업자간 합의를 거쳐 출자금으로 전입할 수 있다.

제6조 (이익분배)
① 이익에 대한 분배는 동업자간 출자액비율에 의한다.
(각각의 지분투자금액을 사업용계좌 (○○은행 123-1234-12345)에 납입하고, 매월 1,300만원씩을 동등하게 가져가기로 한다. 추후 12월말일자의 사업용계좌잔액을 지분비율에 따라 나누고, 개인의 카드사용액, 개인사용비용등을 다음해 10일까지 산정하여 정산하기로 한다.)

② 이익의 분배비율은 병원진료 시작후 2년 단위로 병원매출에의 기여도에 따라 다시 정하기로 한다. 병원매출의 기여도는 수술 및 외래 환자 진료 총 매출 기준으로 안분한다.

제7조 (질병, 유고, 사망시)
① 동업자가 신체적인 질병이나 결함으로 인해 계속 진료가 불가능할 경우 다음의 규정에 따라 수익금을 배분하기로 한다.

가. 1개월 : 100% 지급

나. 2-6개월 : 50% 지급

다. 7-12개월 : 30% 지급

단, 대체 근무자를 채용할 경우에는 그 시점부터 매월 매출대비 배분액을 대체 복무자 급여제외후 지급하기로 한다.

② 1년이상 근무를 못할 경우 상호합의하에 동업계속여부를 결정할 수 있다.
③ 동업자가 사망시에는 제9조에 따라 유가족에게 지급한다.

제8조 (권리 양도 양수)
① 동업자는 자신의 투자지분과 그에 따른 동업자의 권리와 의무를 제3자에게 양도하고자 할 때에는 타 동업자의 동의를 얻어 양도·양수할 수 있다.
② 동업자는 타 동업자의 동의를 얻어 자신의 출자지분의 일부를 타 동업자에게 양도할 수 있으며 지분의 양도내역을 공증하여 타 동업자에게 제출하여야 한다.
③ 지분처분시 지분평가는 대외기관에 의뢰하여 공정한 방법으로 초기투자금액 및 영업권을 평가하여 정산하기로 한다.

제9조 (탈퇴 시 처리)
① 동업자간 합의에 의한 완전 탈퇴시
동업자간 합의를 거쳐 탈퇴할 경우에는 공신력 있는 기관에 자산평가를 의뢰하여 출자액의 비율에 따라 탈퇴자에게 분기로 나누어 1년 내에 지급한다.

② 지점병원의 새로운 설립을 위한 등의 사업상 필요에 의한 탈퇴시
1) 병원에 투자한 자금원금은 탈퇴하는 원장님에게 병원에서 ○○개월 이내에 반환하기로 한다.
2) 사업상 필요에 의해 탈퇴하는 원장님의 지분평가액은 새로이 설립하는 지점병원이 자리를 잡기까지 향후 ○○개월간의 운영비의 ○○%를 지원하는 것으로 대체하기로 한다.

제10조 (겸업의 금지)
동업자는 타 동업자의 승인없이 의원의 진료이외에 자기사업 또는 타인의 사업장에 종사하거나 타 직무를 겸할 수 없다.

제11조 (자기거래금지)
동업자는 타 동업자의 동의가 있는 경우에 한하여 자기 또는 제3자의 계산으로 회사와 거래할 수 있다.

제12조 (청산과 해산)
경영에 중대한 사안이 발생하여 의원의 폐업 또는 양도로 청산이 불가피할 경우, 자산과 부채를 정리하여 잉여 또는 결손금에 대하여 동업자의 출자비율에 따라 배분하거나 부담한다.

제13조 (관할)
본 계약서와 관련된 동업자간의 소송은 의원소재지의 지방법원의 관할로 한다.

제14조 (약정의 변경과 기타사항)
본 약정의 변경과 공동개원의 경영활동에 있어 필요한 사항은 동업자간의 합의로 변경 또는 결정하고 회의록을 작성하여 동업자가 기명날인 함으로서 그 효력이 발생함을 원칙으로 한다.

위와 같이 약정하고 동업자는 신의와 성실로서 공동개원에 노력하고 의원경영활동에 최선을 다할 것을 약정한다. 후일을 위하여 2부를 작성하여 각기 1부씩 보관한다.

20 년   월   일

동업자 갑　　　　(인)

동업자 을　　　　(인)

동업자 병　　　　(인)

# 공동개원 시 자금관리 방법

　병원의 사업용으로 사용하는 통장과 카드를 개인 통장, 카드와 구분하여 사용하는 것이 관리도 수월하고 추후 발생할 수 있는 세무조사에도 유리할 수 있다. 동업자가 공용으로 사용할 병원의 수입 입금용 계좌, 병원의 지출용 계좌, 병원의 경비를 지출하기 위한 신용카드를 별도로 만들어서 사용하는 것을 추천한다.

　개원 전까지 소위 세후급여(넷급여)에 익숙한 의사들은 매월 정해진 지급액을 바탕으로 생활을 하는 습관이 배어 있는 경우가 많다. 헌데 병원을 개원하고 나면 매월 수입도 불특정하고 비용도 다르며 세금도 얼마가 지출될지 예상하기가 어려워 자금관리에 어려움을 겪는 경우가 많다.

　공동개원의 경우 동업자의 존재로 인해 수익금을 자의적으로 배분하기 어려워 이런 어려움이 심화될 수 있어 페이닥터로 근무할 때와 마찬가지로 동업자 간 협의하여 매월 일정 금액의 수익을 분배하여 마치 급여처럼 가져가는 것이 도움이 될 수 있다. 단, 언급한 바와 같이 수익과 지출을 예상하기 어렵기에 개원 초기에는 매월 적은 수준으로 분배하고 분기 말에 다시 한 번 재정산을 하고 이익금의 일부를 지출을 대비해 남겨 두는 방식으로 협의해야 한다.

　간혹 공동개원을 한 개원의들이 담당 세무사의 기장자료를 바탕으로 수익금의 분배를 문의하는 경우가 있는데 병원에서 집계하는 수익, 비용과 세무사가 기장하는 내용은 세법의 차이로 인해 개원 초기에는 다를 수 있다.

　예를 들어 개원을 위해 인테리어 비용을 1억 투자하였고 그 외 5년간 비용이 없으며 매출은 1억씩 발생하는 경우를 가정했을 때 병원의 통장잔액은 다음과 같다.

| 구분 | 1년 차 | 2년 차 | 3년 차 | 4년 차 | 5년 차 |
|---|---|---|---|---|---|
| 매출 | 1억 원 | 1억 원 | 1억 원 | 1억 원 | 1억 원 |
| 비용 | 1억 원 | 0원 | 0원 | 0원 | 0원 |
| 이익 | 0원 | 1억 원 | 1억 원 | 1억 원 | 1억 원 |

　한편 세무사가 기장을 할 때에는 세법에 따라 1억 원의 인테리어 비용을 감가상각을 통해 비용처리해야 한다. (사례, 5년 정액법)

| 구분 | 1년 차 | 2년 차 | 3년 차 | 4년 차 | 5년 차 |
|---|---|---|---|---|---|
| 매출 | 1억 원 | 1억 원 | 1억 원 | 1억 원 | 1억 원 |
| 비용 | 2천만 원 | 2천만 원 | 2천만 원 | 2천만 원 | 2천만 원 |
| 이익 | 8천만 원 | 8천만 원 | 8천만 원 | 8천만 원 | 8천만 원 |

　두 표를 비교해 보면 개원 1년 차에 병원의 통장에는 잔고가 없지만 세무상으로는 8천만 원의 이익이 발생하여 세금을 내는 경우가 있을 수 있다. 다소 불합리해 보일 수 있으나 개원 2년~5년 차에 비용지출이 없음에도 2천만 원씩 비용으로 산입되므로 불합리한 것은 아니다. 중요한 점은 이렇게 통장과 세무기장 내용의 차이가 있을 수 있으므로 동업자 간 분배를 할 때에는 세무자료가 아니라 통장을 기준으로 해야 한다는 점이다. 이를 위해 개원 초부터 다음과 같이 정산시스템을 구축하는 것이 도움이 될 수 있다.

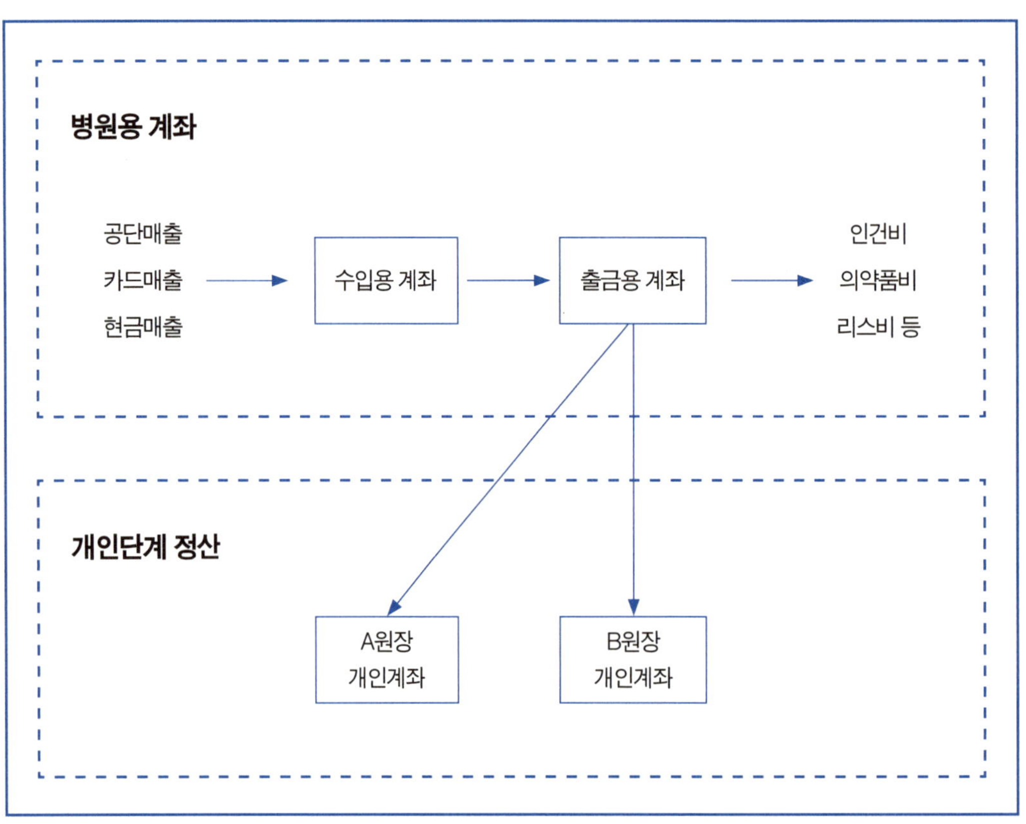

병원용 계좌
공단매출
카드매출
현금매출
수입용 계좌
출금용 계좌
인건비
의약품비
리스비 등
개인단계 정산
A원장
개인계좌
B원장
개인계좌

# 6

# 공동개원과 단독개원의 세금 차이

공동개원을 한다고 하여 단독개원에 비해 높은 종합소득세율이 적용되거나 세금 정산에 차이가 발생하는 것은 아니다. 공동개원을 하는 경우 세금계산을 위해 우선 병원 전체의 수익과 비용을 결산한다. 그 후 약정한 손익분배비율을 바탕으로 세무상 분배한 이익을 계산하고 이를 바탕으로 동업자 개개인에게 귀속될 최종 수익을 확정한다. 개개인마다 부양하고 있는 가족이 다르고 다른 소득이 있을 수 있기에 병원의 수익을 1/N로 정산하더라도 동업자 간 납부해야 할 세금을 차이가 발생할 수 있다. 사례는 다음과 같다.

(1) 병원결산

| 구분 | 금액 |
| --- | --- |
| 매출 | 15억 원 |
| 비용 | 6억 원 |
| 이익 | 9억 원 |

(2) 동업자 간 세금계산 (1/N 또는 사전약정비율)

| | A 원장 | B 원장 | C 원장 |
|---|---|---|---|
| 사업소득금액(병원) | 3억 원 | 3억 원 | 3억 원 |
| 사업소득금액(임대) | | | 1.5억 원 |
| 배당소득금액 | | 5천만 원 | |
| 이자소득금액 | | | |
| 기타소득금액 | | | |
| 연금소득금액 | | | |
| 근로소득금액 | 2억 원 | | |
| **종합소득금액** | **5억 원** | **3.5억 원** | **4.5억 원** |
| 기본공제[6] | 1백5십만 원 | 3백만 원 | 4백 5십만 원 |
| 세율 | 40% | 40% | 40% |
| **산출세액** | **1.7억 원** | **1.1억 원** | **1.5억 원** |

 이와 같이 병원에서는 9억 원의 이익이 발생하고 이를 3명의 원장이 3억씩 분배하였으나 원장별로 귀속되는 다른 소득이 있고 부양가족의 숫자가 다르기에 납부해야 할 세금에는 차이가 있을 수 있다.

---

6) 　부양가족의 수에 따라 다를 수 있음.

# 7

# 실제로는 동업인데
# 동업자를 페이닥터로 등록하는 경우

실제로는 동업관계로 공동개원에 해당함에도 불구하고 다음의 이유로 1명만을 대표원장으로 사업자등록을 하고 나머지 동업자들을 페이닥터로 등록하려고 문의하는 경우가 있다.

## (1) 폐업 후 명의변경 시 세무조사를 회피할 수 있다는 이유

폐업 후 페이닥터로 등록한 원장을 다시 대표원장으로 사업자등록을 하고 나머지 1인은 다시 페이닥터로 들어가는 방식을 반복하면 세무 당국의 감시를 피할 수 있다고 생각하는 경우가 있다. 하지만, 이는 잘못된 생각으로 오히려 폐업과 재개업을 반복하면 이런 행위로 인해 세무조사를 받을 수 있으니 유의하자.

## (2) 4대 보험료나 세금을 줄일 수 있다는 이유

페이닥터의 급여를 조절하여 종합소득세와 건강보험료를 줄일 수 있다고 생각하지만 페이닥터의 급여를 줄인 만큼 대표원장의 종합소득세와 건강보험료가 늘어나기 때문에 아무런 의미가 없다.

물론 개원 초기에 병원이 손익분기에 가깝거나 적자가 나서 낮은 세율이 적용되는 상황이라면 페이닥터의 급여를 조절하여 세금이나 건강보험료를 일부 줄일 수 있겠지만 이 또한 금액적 효과가 크지 않다.

또한, 소득세법 제81조의4 제1항에 따라 공동사업장의 등록을 허위로 하는 경우 매출의 0.5%에 달하는 가산세를 납부해야 하며 사업자등록 당시 제출한 서류가 허위로 작성한 경우에도 매출의 0.5%에 달하는 가산세를 납부해야 한다.

연 매출을 30억 원으로 가정하는 경우 1년에 1천 5백만 원의 가산세를 납부해야하며 세무조사 결과 5년치를 한 번에 부과하는 경우 가산세로만 7천 5백만 원을 납부해야 할 수 있으므로 주의해야 한다.

그리고 실질이 동업에 해당함에도 페이닥터로 등록한 경우 페이닥터는 동업계약이 해지되는 경우 법적보호를 받기 힘들거나 동업자였다는 실질을 증명하기 위해 불리한 점이 많을 수 있어서 동업에 관해서는 실질에 맞게 신고하고 병원을 운영해야 한다.

# 8

# 선배나 동기가 하던 병원의 지분을 매입하는 경우의 세금 문제

기존에 운영하던 병원의 지분을 양수하여 새롭게 공동사업을 구성하는 경우가 있다. 이 경우에는 우선 기존 병원에 가치 평가 문제를 고려해야 한다. 병원 가치를 평가하는 방법에는 외부인인 세무사, 감정평가사, 공인회계사에게 의뢰하는 방법이 있을 수 있고 업계의 관행에 따라 대략 6개월치 이익, 3개월 매출 등으로 단순히 평가할 수도 있다.

병원의 권리금을 외부 감정인에게 의뢰하는 경우 주로 다음과 같은 권리금에 대한 평가방법 중 하나를 선택하여 사용하는 경우가 많다.

## (1) 취득원가 기준

취득원가란 병원 매수를 위하여 지급한 총금액에서 확인 가능한 순자산의 공정가치를 차감한 금액을 말하며, 이 취득원가를 기준으로 영업권을 평가할 수 있다. 기업회계기준에 의할 경우 영업권은 20년 내에서 매기 일정액씩 상각하므로 이를 역으로 취하면 영업권 상각액을 기준으로 영업권을 평가할 수 있으나, 이는 시장 가치의 반영이 어렵다는 단점이 있다.

## (2) 거래사례 비교법

초과 순이익이 발생하는 동종 유사 병원의 영업권을 기준으로 평가하는 방법으로 영업권이 자산과 독립하여 거래되는 관행이 있는 경우에는 정상적인 거래가격을 기준으로 평가할 수 있을 것이나, 유·무형자산과 일체로 거래가 이뤄지는 경우에는 정상적인 거래가격에서

유·무형자산 가격을 배제하는 방법으로 평가할 수 있다. 거래사례 비교법은 신뢰성 있는 거래사례 비교 정보를 조회하기에는 실무적으로 한계가 많다는 단점이 있다.

### (3) 수익 환원법(Discounted Cash Flow Approach, 미래현금 할인법)

미래현금할인법은 영업권가치 혹은 기업가치를 평가하는 데 있어 가장 보편적으로 사용되는 방법으로 대상사업 혹은 기업의 미래현금흐름을 추정하여 이를 현재가치로 환산함으로써 영업권의 가치 혹은 기업가치를 평가하는 방법이다.

미래현금할인법에 의하여 추정기간 동안의 영업현금흐름을 통한 계속 영업의 가치를 산정하고 평가기준일의 비영업용 자산가치를 합산한 뒤 비영업용 부채가치를 차감하여 병원 가치를 산정한다.

> 병원가치 = [영업권의 가치 + 평가기준일 자산가치]
> = [영업현금흐름을 통한 계속영업의 가치 + 평가기준일 비영업용 자산가치 - 평가기준일 비 영업용 부채가치]

병원 가치 평가가 완료되면 양수하는 지분율에 상당하는 권리금을 지급하며 권리금을 지급할 때에 원천징수대상 소득으로 보아 8.8%의 세금을 차감하고 지급해야 한다. 기존에 병원을 운영하던 원장은 지급받은 권리금에 대해 지분을 양도한 다음 해에 종합소득세 신고에 권리금을 합산하여 신고해야 한다.

# II

# 임대차계약 단계

# 임대차계약 시 유의사항

### (1) 확정일자 대상인지 확인

확정일자란 건물소재지 관할 세무서장이 그 날짜에 임대차계약서의 존재 사실을 인정하여 임대차계약서에 기입한 날짜를 의미하며 실무에서는 보증금을 보호하기 위한 수단으로 활용한다. 확정일자를 받으면 임차한 건물이 경매나 공매로 매각되는 일이 발생하더라도 후순위 권리자보다 우선하여 보증금을 변제받을 수 있다.

다만 모든 임대차계약에 대해 확정일자를 부여하는 것은 아니므로 임대차계약 대상 물건의 보증금과 월세가 확정일자를 받을 수 있는 금액 범위에 있는지를 확인할 필요가 있다. 물건지에 따라 환산보증금[7]이 다음의 금액을 초과하지 않으면 확정일자를 부여받을 수 있다.

| 지역 | 환산보증금 |
| --- | --- |
| 서울특별시 | 9억 원 |
| 수도권 과밀억제권역, 부산광역시 | 6억 9천만 원 |
| 그 외 광역시, 세종특별시, 파주시, 화성시, 안산시, 용인시, 김포시 및 광주시 | 5억 4천만 원 |
| 그 밖의 지역 | 3억 7천만 원 |

확정일자를 신청하기 위해 필요한 서류는 다음과 같다.

---

7)   월 임차료 × 100 + 보증금

① 확정일자 신청서

② 임대차계약서 원본

③ 사업장 도면(구분등기 한 건물의 일부만 임차한 경우)

④ 신분증

〈확정일자 신청서 양식〉

■ 상가건물 임대차계약서상의 확정일자 부여 및 임대차 정보제공에 관한 규칙 [별지 제1호서식]

# 확정일자 신청서

※ 색상이 어두운 난은 신청인이 적지 않습니다.

(앞쪽)

| 접수번호 | | | 처리기간 즉시 | | |
|---|---|---|---|---|---|
| 임차인<br><br>(신청인) | 성명(법인명) | | 주민(법인)등록번호 | | |
| | 상호 | | 사업자등록번호 | | |
| | 주소(본점) | | 전화번호 | | 휴대전화번호 |
| 임대인 | 성명(법인명) | | 주민(법인)등록번호 | | |
| | 주소(본점) | | 전화번호 | | 휴대전화번호 |
| 임대차<br><br>계약내용 | 상가건물 소재지(임대차 목적물)<br><br>*상가건물명, 동, 호수 등 구체적으로 기재* | | | | |
| | 계약일 | | 임대차기간 | | |
| | 보증금 | | 차임 | | |
| | 면적(㎡)<br>㎡ | | 확정일자번호 | | |

※ 아래 난은 대리인에게 확정일자 신청을 위임하는 경우 적습니다.

신청인은 아래 위임받은 자에게 확정일자 신청에 관한 사항을 위임합니다.

| 위임<br><br>받은 자 | 성명 | 주민등록번호 |
|---|---|---|
| | 신청인과의 관계 | 전화번호 |

「상가건물 임대차보호법」 제5조제2항에 따른 확정일자를 신청합니다.

년　　　월　　　일

신청인　　　　　　(서명 또는 인)

위임받은 자　　　　　　(서명 또는 인)

세무서장 귀하

## (2) 용도변경 등 건물 자체의 문제 확인

앞서 언급한 바와 같이 병원을 운영하던 자리가 아니라면 병의원 허가를 위해 업종변경 등 예상치 못한 비용이 발생할 수 있다. 또한 병원을 운영하던 자리라도 허가가 아주 오래전에 난 경우 현재 시행중인 법령을 적용하면 병원 허가를 받기 어려운 경우가 있다. 이로 인해 병원의 개원일자가 미뤄지는 경우가 많으므로 개원지 관할 보건소에 병원이 개설가능한 곳인지 확인해야 한다.

## (3) 장애인 편의시설 등 설치에 대한 점검

장애인·노인·임산부 등의 편의증진 보장에 관한 법률 시행령 제2조에 따라 바닥면적의 합계액이 100㎡ 이상인 의원, 치과의원, 한의원, 조산원, 산후조리원과 병원급 의료기관은 장애인·노인·임산부 등을 위한 편의시설을 설치해야 한다. 여기서 편의시설이라 함은 주출입구 접근로, 장애인 전용 주차구역, 출입구, 복도, 계단 또는 승강기, 화장실 등에 별도로 시설을 구비해야 함을 의미한다. 이러한 시설이 미비되는 경우 의료기관개설허가에 문제가 있을 수 있으므로 사전에 인테리어 업체와 반드시 협의를 해야 한다.

## (4) 상가 임대차 보호법에 대한 확인

상가건물임대차보호법 제10조제1항에서는 임차인이 임대차계약이 만료되기 6개월 전부터 1개월 전까지의 사이에 계약갱신을 요구할 경우 정당한 사유 없이 거절하지 못하도록 정하고 있다. 이를 계약갱신요구권이라 부르며 최초의 임대차기간을 포함하여 10년을 초과하지 않는 범위에서 행사할 수 있도록 정하고 있다.

## (5) 월세와 보증금의 인상제한 규정

상가건물임대차보호법 제11조에서는 월세와 보증금의 증액을 5%를 한도로 하도록 정하고 있다. 다만 모든 상가임대차계약에 증액한도 규정이 적용되는 것은 아니고 지역별로 앞서 언급한 환산보증금의 범위 내에 있는 임대차계약에만 적용한다. 즉, 환산보증금을 초과하는 임대차계약은 월세와 보증금을 5% 넘게 올릴 수 있는 점을 참고해야 한다.

## (6) 전대 관련 규정

전대란 임차한 부동산을 다시 타인에게 임차하는 것을 의미한다. 예를 들어 산부인과에서 임차한 공간 중 일부를 타인에게 빌려줘서 산후조리원을 만들거나 재활의학과에서 일부를 타인에게 빌려줘서 필라테스센터를 만드는 등 하나의 공간에 2명의 사업자가 사업을 하기 위해서는 전대가 필요하다. 그리고 원장이 병원의 경영을 지원하기위한 목적회사인 MSO를 병원 내부에 만드는 경우에도 원장이 법인에게 전대를 해야 한다.

이러한 전대의 경우 임대인(건물주)의 동의가 반드시 필요하다. 임대차계약서를 작성할 당시에는 전대에 대해 정하지 않고 개원 이후 필요에 의해 전대동의를 요구하는 경우 임대인은 이를 거부하는 경우가 많다. 임대인의 입장에서는 전대동의를 하는 경우 임차인이 무분별하게 본인의 건물에 사업장을 다수 개설할 수 있는 것에 대해 거부감을 느끼기 때문이다. 그러므로 전대를 통해 공간을 활용할 계획이 있는 원장의 경우 임대차계약을 작성하기 전에 임대인에게 미리 동의를 받아서 임대차계약서상 특약에 전대에 관한 내용을 기재해 두기를 권장한다.

## (7) 신탁물건인 경우

병원을 개원하고자 하는 상가가 신탁물건인 경우가 있다. 부동산 신탁이란 부동산의 소유자가 소유권을 신탁회사에 이전하고 신탁회사는 소유자의 의견에 따라 일정액의 수수료를 받고 부동산을 대신하여 개발, 관리, 처분해 주는 제도를 의미한다. 신탁등기를 한 부동산의 경우 부동산에 대한 권리관계가 매우 복잡한 경우가 많기 때문에 임대차 계약을 체결할 때 주의해야 한다.

병원을 잘 운영하다가 갑자기 폐업해야 하는 경우가 생길 수도 있고 보증금에 대한 보호를 받지 못할 가능성이 생길 수 도 있다. 그러므로 신탁 물건에 개원을 하는 경우라면 반드시 변호사 등 부동산 전문가와 상의 후 진행할 것을 권장한다.

### (8) 다수의 임대인이 있는 경우

넓은 평수에 개원을 하고자 하는 원장들은 동시에 구분한 상가 여러 호실을 계약해야 하는 경우가 있다. 만일 10개의 호실을 임차하게 되면 10개의 임대차 계약서를 작성해야 하고 10명의 임대인을 만나 개별 계약을 체결해야 한다.

이런 경우 개원을 할 당시에는 큰 문제가 없지만 갱신을 해야 하는 단계에 이르러서 일부 임대인이 갑자기 계약을 연장하지 않는 경우 병원의 일부 공간을 사용하지 못하여 병원의 인테리어를 다시 하거나 이전해야 하는 곤란한 경우가 생길 수 있다. 그러므로 동시에 여러 호수를 임차하여 계약을 하는 경우 충분한 법률자문을 받은 다음 부동산 중개인과 함께 임대차 계약에 대한 세부내용을 상세하게 기재해야 한다.

### (9) 제소전화해조서의 작성을 요구받는 경우

제소전화해란 민사 사건에 대한 소송을 제기하기 전 화해를 원하는 당사자들의 신청으로 재판부 앞에서 이루어지는 화해를 의미한다. 제소전화해가 성립되면 제소전화해조서가 작성되는데 이는 확정판결과 동일한 효력을 가진다.

제소전화해는 상가 임대차 과정에서 임대인들이 임차인에게 요구하는 경우가 많으며 보통 부동산 명도소송을 우려하는 임대인의 요구로 체결되는 경우가 많다. 그러므로 제소전화해조서는 부동산의 퇴거, 연체 등에 관하여 임차인에게 불리하게 작성할 가능성이 높다. 따라서 이러한 요청을 받는 경우 임대인이 원하는 대로 그대로 허락을 해서는 안 되고 변호사와 협의를 하여 내용을 꼼꼼하게 숙지한 뒤 진행하는 게 좋다.

## 제소전화해신청서(건물명도관련)

### 제 소 전 화 해 신 청

신 청 인 　　　　　○○○
피신청인 　　　　　○○○

## 건물명도 등 청구의 화해

### 신 청 취 지

신청인과 피신청인은 다음 화해조항기재 취지의 제소전화해를 신청합니다.

### 신 청 원 인

1. 신청인과 피신청인은 ○○○○. 1. 23. 신청인 소유 별지목록기재 건물 지하1층 ○○5㎡(등기면적 : ○○3.57㎡)을 ○○ 용도로 계약기간 3년, 임차보증금 5,000만원, 월 임대료 350만원(부가가치세 별도), 관리비 매월 금 76만원(부가가치세 별도)을 지급하는 조건 등 특약사항을 포함한 제 18조항 내용의 임대차계약을 체결한바 있습니다.

2. 따라서 신청인과 피신청인은 위 계약에 관한 모든 사항을 상호 성실히 이행키로 약속하였으며, 당사자간 아래 사항에 대해 화해성립이 가능하므로 이건 신청에 이르게 된 것입니다.

### 화 해 조 항

1. 피신청인과 신청인간 체결한 이 사건 건물 임대차계약에 따라 피신청인은 임차권 및 임차보증금을 타인에게 양도, 전대, 담보할 수 없으며, 위 계약종료 및 계약해지 사유 등으로 인한 계약해지시에는 피신청인이 설치한 시설물, 장비 등 일체를 피신청인 비용으로 철거한 후 목적물을 원상복구한 상태로 신청인에게 즉시 명도한다.

2. 피신청인은 신청인에 대해 이 사건 임차건물에 대한 권리금, 영업권, 유익비 등을 일체 청구하지 아니한다.

3. 피신청인이 제1항에 따른 명도를 이행하지 아니할 경우 신청인이 강제집행을 실시할 수 있으며, 그 비용은 피신청인의 부담으로 하고 임차보증금 잔액에서 공제할 수 있다.

4. 화해비용은 각자의 부담으로 한다.

**첨 부 서 류**

1. 부동산목록
2. 임대차계약서
3. 건물등기부등본
4. 일반건축물대장
5. 토지대장(개별공시지가 확인서)
6. 소송위임장(신청인, 피신청인)
7. 인감증명서(신청인, 피신청인)
8. 주민등록등본(신청인)

○○○○. ○○ . ○○ .

위 신청인의 대리인<br>
변호사  ○  ○  ○

## (10) 기타 실무적으로 확인해야 할 사항

병원 건물 주차장에 주차할 수 있는 주차 대수 규정, 환자 주차권에 관한 규정, 간판을 설치할 수 있는 위치와 입간판을 설치할 수 있는지 여부 등도 확인해야 한다. 그리고 건물을 담보로 한 채무가 많은 경우 보증금을 보호 받기 위해 전세권을 설정하는 것을 권장한다.

# 부동산을 분양받거나 매수하여 개원하는 경우 유의사항

## (1) 취득단계

### 1) 취득세

취득단계에서는 우선 건물에 대한 취득세를 고려해야 한다. 원장이 개인 명의로 취득하는 상가의 경우 4.6%의 세율[8]을 적용한다. 원장이 부동산임대법인을 설립하여 건물을 취득하는 경우 대도시 내에 설립한 지 5년 미만의 법인이 대도시 내에 취득하는 부동산에 대하여는 취득세율을 중과하여 세율이 9.4%까지 증가할 수 있어 유의해야 한다. 해당 사항은 후술하기로 한다.

### 2) 부가가치세

건물을 취득하는 경우 취득가액은 건물과 토지의 가액을 합산하여 산정하는 경우가 많고 건물과 토지 중 건물분에 대해서는 부가가치세 10%를 가산한다. 사업자등록을 하고 매도인으로부터 세금계산서를 수취하는 경우 건물을 취득하는 자가 면세사업자인지 과세사업자인지에 따라 부가가치세 10%의 환급 여부는 달라진다.

면세사업자인 원장이 개인명의로 부동산을 취득하는 경우 해당 부동산은 면세사업에 사용되는 부동산으로 보아 부가가치세는 환급받을 수 없다. 한편 과세사업자인 원장과 부동산임

---

8)  취득세, 농어촌특별세, 지방교육세 합계

대법인으로 구매하는 경우 부가가치세 10%를 환급받을 수 있으니 참고하자.

### 3) 자금출처문제

국세청에서는 직업, 연령, 경제력 등을 바탕으로 자력으로 부동산을 취득하기 어려운 자가 부동산을 취득하는 경우 취득자금에 대한 자금 원천을 조사한다. 주로 미성년자인 자녀에게 상가지분을 일부 증여하고 이를 신고하지 않은 채로 부동산을 취득하거나 세금을 제대로 납부하지 않고 소득을 탈루한 상태에서 부동산을 취득하는 경우 세무조사가 발생하게 되므로 유의해야 한다.

## (2) 보유단계

원장의 명의로 부동산을 취득하여 병원에 사용하는 경우 건물가액에 대한 감가상각비와 건물을 취득하는 데 조달한 부채에 대한 이자비용은 병원의 경비로 산입한다. 부동산임대법인의 명의로 부동산을 취득하는 경우 병원과 임대차계약이 필요하며 병원은 부동산임대법인으로부터 임차료에 대한 세금계산서를 받아 경비로 산입한다. 이때 임차료는 인근 부동산의 시세를 감안하여 시세 수준으로 책정해야 하며 과도하게 설정하거나 과소하게 설정하는 경우 모두 세법상 부당행위계산 부인의 대상으로 문제가 발생할 수 있다.

## (3) 양도단계

부동산을 양도하는 경우 원장의 명의로 부동산을 취득한 경우에는 양도소득세를 납부하며 부동산임대법인 명의로 취득한 경우 법인세를 납부한다. 일반적으로 소득세에 비해 법인세율이 낮지만 법인에 누적된 잉여금을 인출하는 경우 소득세를 부담하므로 부동산의 보유 목적과 보유 기간을 고려한 뒤 세금의 차이를 비교하여 판단해야 한다.

## (4) 대도시[9] 밖에 법인을 설립한 후 대도시 내 부동산을 취득하는 경우에 대한 문제

원장이 부동산을 신축하거나 분양 및 매매하여 개원을 하는 경우 부동산의 명의를 원장의 개인으로 할지 법인을 설립할지에 대한 의사결정을 해야 하는 경우가 있다.

지방세법에서 정하는 대도시 내에 부동산을 취득하여 개원하는 경우 일정 요건을 충족하면 취득세를 중과한다. 그러므로 개원지 인근에 법인을 설립 후 해당 법인으로 병원에 사용할 부동산을 취득하는 경우 중과세율을 적용한 취득세를 납부할 수 있으므로 유의해야 한다.

지방세법 제13조【과밀억제권역 안 취득 등 중과】에서는 취득세가 중과되는 취득을 다음과 같이 정한다.

1) 수도권과밀억제권역에서 본점이나 주사무소의 사업용으로 신축하거나 증축하는 건축물과 그 부속 토지를 취득하는 경우와 공장을 신설하거나 증설하기 위하여 사업용 과세물건을 취득하는 경우

2) 대도시에서 법인을 설립하거나 지점 또는 분사무소를 설치하는 경우 및 법인의 본점·주사무소·지점 또는 분사무소를 대도시 밖에서 대도시로 전입함에 따라 대도시의 부동산을 취득(그 설립·설치·전입 이후의 부동산 취득을 포함한다)하는 경우. 이때 대도시에서의 법인 설립, 지점·분사무소 설치 및 법인의 본점·주사무소·지점·분사무소의 대도시 전입에 따른 부동산 취득은 해당 법인 또는 행정안전부령으로 정하는 사무소 또는 사업장이 그 설립·설치·전입 이전에 법인의 본점·주사무소·지점 또는 분사무소의 용도로 직접 사용하기 위한 부동산 취득으로 하고, 설립·설치·전입 이후의 부동산 취득은 법인 또는 사무소등이 설립·설치·전입 이후 5년 이내에 하는 업무용·비업무용 또는 사업용·비사업용의 모든 부동산 취득으로 한다.

3) 대도시에서 공장을 신설하거나 증설함에 따라 부동산을 취득하는 경우

한편 수도권정비계획법 시행령 별표에서 정하는 수도권 과밀억제권역은 다음과 같다.

---

9)   수도권 과밀억제권역에서 산업단지를 제외한 곳

1. 서울특별시
2. 인천광역시[강화군, 옹진군, 서구 대곡동·불로동·마전동·금곡동·오류동·왕길동·당하동·원
   당동, 인천경제자유구역 (경제자유구역에서해제된 지역을 포함한다) 및 남동 국가산업단지는 제외
   한다]
3. 의정부시
4. 구리시
5. 남양주시(호평동, 평내동, 금곡동, 일패동, 이패동, 삼패동, 가운동, 수석동, 지금동 및 도농동만 해당
   한다)
6. 하남시
7. 고양시
8. 수원시
9. 성남시
10. 안양시
11. 부천시
12. 광명시
13. 과천시
14. 의왕시
15. 군포시
16. 시흥시[반월특수지역(반월특수지역에서 해제된 지역을 포함한다)은 제외한다]

일부 부동산을 투자하는 사람들의 경우 대도시 내에 법인을 설립한 후 5년 이내에 취득하는 부동산에 대해 취득세를 중과세하는 법률을 우회하기 위해 대도시 밖에 법인을 설립한 후 대도시 내의 부동산을 취득하는 구조로 부동산을 취득하는 경우가 있다. 예를 들어 대도시 밖인 용인시에 법인을 설립하고 설립하자마자 강남의 부동산을 취득하는 경우이다.

원장 개인 명의가 아니라 부동산 법인을 만들면 해당 법인을 가족법인처럼 구성하여 가족들에게 증여하기 편하고 월세를 가족법인에 이체하여 병원의 경비로 활용하기 좋다는 이유 등을 들면서 개원가에 컨설팅을 하는 사례가 있었다. 하지만 대도시 밖에 법인의 본점이 있다

는 이유만으로 중과세를 피할 수 있는 것은 아니기에 이러한 방식으로 부동산을 취득하는 경우 매우 신중하게 진행해야 한다.

근래 위와 같은 행위에 대해 강도 높은 세무조사가 발생하였으며 경기도청은 허위 본점을 두고 대도시 부동산 취득세를 탈루한 사례로 146억을 추징하였다. 경기도청의 조사내용에 따르면 대도시 외 지역(성장관리권역)인 안산시의 오피스텔에 본점을 차린 의사 A씨는 대도시로 분류되는 군포시의 병원 건물을 113억 원에 매입해 일반세율(4%)로 취득세를 냈다.

그러나 본점 오피스텔에는 다른 임차인이 거주하고 있고, A씨는 군포 병원 건물에서 근무하는 것으로 확인하여 중과세와 가산세 등 6억6천만 원을 추징했다.

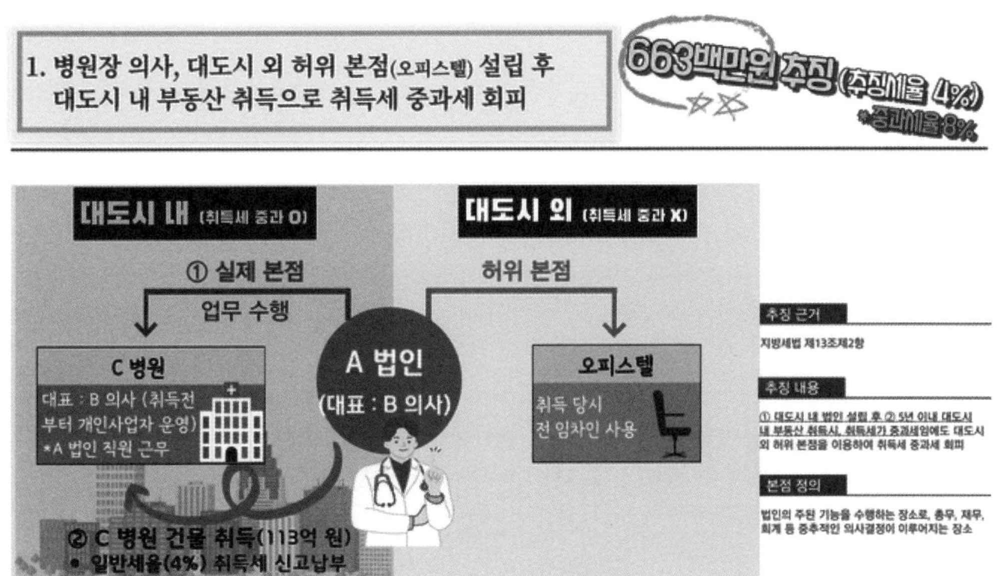


부동산개발시행업자인 B씨의 경우 대도시 외 지역인 화성시의 지인 사무실에 본점을 설립한 뒤 대도시인 의정부시의 토지·건물을 1천 923억 원에 취득하고 일반세율로 취득세를 냈다.

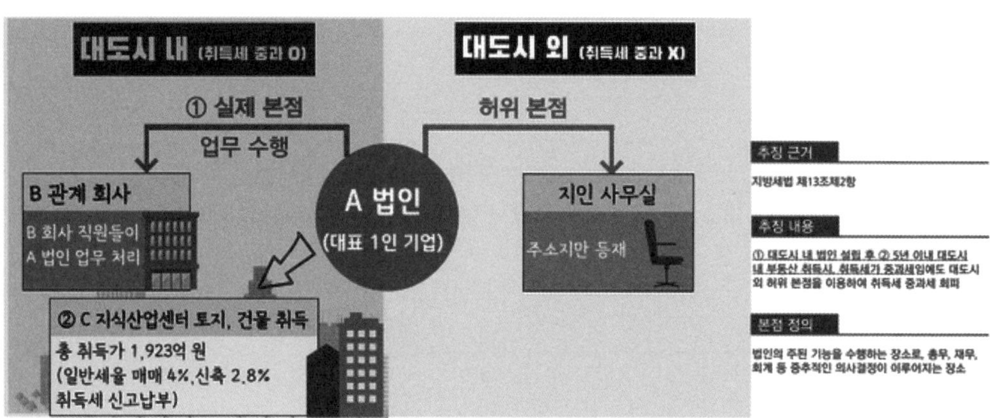


경기도는 지인 사무실이 주소만 빌려줬고 B 씨가 모든 업무를 서울 사무실에서 수행했다는 관계자 진술을 확보하고 업무추진비 대부분이 서울 사무실 근처에서 지출된 사실도 확인해 B 씨로부터 54억 원을 추징했다.

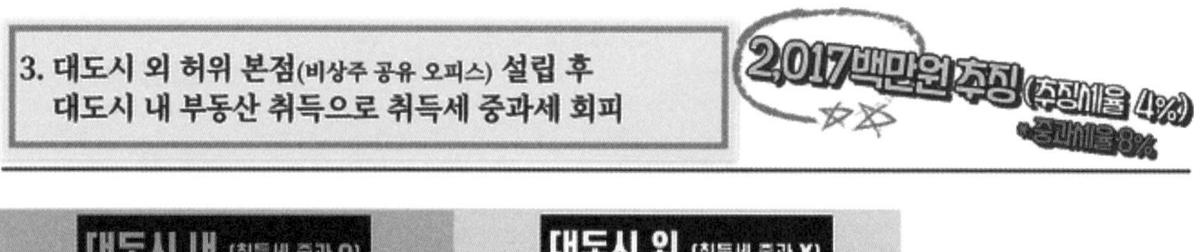


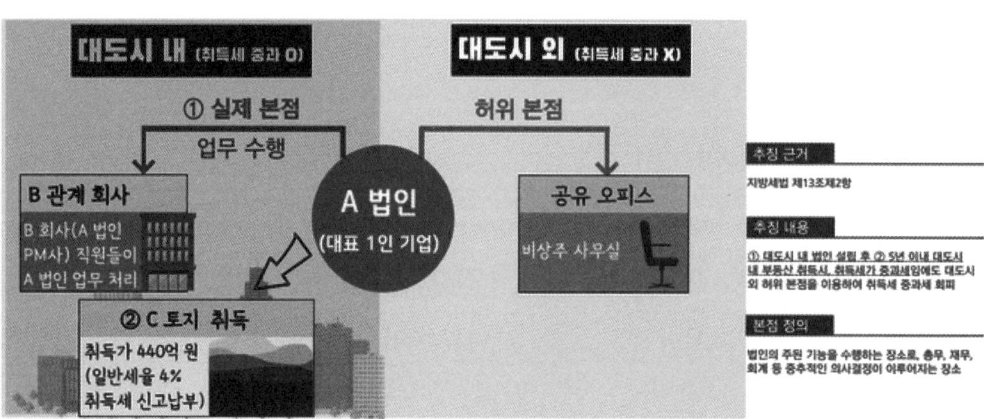

대도시 외 지역인 용인시의 3.3㎡ 규모 공유사무실에 본점을 설립한 C 씨는 대도시인 과천시의 토지를 440억 원에 취득하고 일반세율로 취득세를 납부했지만, 도는 사무실 규모가 업무를 보기 어렵고 서울의 관계회사에서 실제 업무를 수행했다는 직원 진술을 확보해 20억 원을 추가 징수했다.

# 3

# 개원자금 계획을 수립하는 경우 고려할 점

## (1) 금융권을 통해 자금을 조달하는 경우

　대출에 대한 정책은 시기에 따라 다르므로 개원하는 시기에 맞는 대출정책을 파악해야한다. 개원예정의들은 닥터론이라 불리는 의사 신용대출과 신용보증기금을 통한 추가 대출을 모두 활용하는 경우가 많다. 시중은행의 닥터론을 활용함에는 큰 문제가 없으나 신용보증기금을 활용하는 경우 사업자등록증상 개업일이 대출 여부에 영향을 미칠 수 있다. 일반적으로는 개업일 이전에 신용보증기금을 통해 대출을 신청해야 하는데 자칫 개업일이 지난 경우 신용보증기금의 대출을 활용할 수 없게 되는 경우가 있다. 그리고 간혹 금리지원정책도 개업일에 따라 달라질 수 있다.

　최근에는 신용보증기금에서는 원장들의 대출과정에서 일부 컨설팅 업체들이 허위 잔고증빙을 만들어주면서 돈을 잠시 빌려주고 이를 자료로 제출해서 대출을 받는 것을 불법 대출행위로 규정하고 관련자들을 고소 및 고발하겠다고 밝힌 사건도 있었다. 이에 대출을 준비하는 과정에서는 은행의 대출 담당자와 세무사 모두의 도움을 받아서 원활하게 진행해야 한다.

## (2) 친족 등을 통해 자금을 지원받는 경우

　원장의 부모, 처의 부모 등으로부터 개원자금을 지원받는 경우가 있다. 이 경우 지원받은 자금을 상환하지 않을 계획인 경우 원장은 증여세 납부의무가 있으며 증여세율은 다음과 같다.

| 증여 받은 금액 | 세율 |
| --- | --- |
| 1억 원 이하 | 10% |
| 1억 원~5억 원 | 20% |
| 5억 원~10억 원 | 30% |
| 10억 원~30억 원 | 40% |
| 30억 원 초과 | 50% |

만일 자금을 임시로 빌린 것이라면 증여세 납부의무는 없으나 자금을 상환해야 하고 이를 입증할 수 있는 다음의 사항을 준비해야 한다.

1) 차용증 (공증해 두면 더 유리)
2) 매월 이자 지급 및 지급 내역 (통장)
3) 원장은 이자를 지급하고 지급 시 27.5% 세율로 원천징수하여 세금 납부
4) 이자를 받은 자는 이자에 대한 종합소득세 신고

참고로 병원을 과세사업자로 개원하는 경우 통상 개원하고 첫 번째 부가가치세 신고 시 부가가치세가 환급받는 경우가 많다. 부가가치세 환급을 위해서는 세무서에 업체에게 대금을 지급한 내역과 계약서 등 증빙서류를 제출해야 하는데 간혹 증여문제를 피하고자 부모님 등 친족이 업체에게 직접 계좌이체를 하는 경우가 있다. 이 경우 부가가치세 환급에도 문제가 생길 수 있고 증여세가 과세될 수 있으니 유의해야 한다.

## (3) 본인의 자금으로 개원하는 경우

본인이 보유한 자금으로 개원하는 경우 통장에 자금이 있다고 하더라도 해당 자금이 국세청에 신고한 세후 소득인지를 고려해야 한다.

근래에는 많이 변하고 있으나 전통적으로 의료업계에서 페이닥터에게 급여를 지급하는 방

식은 넷급여 방식이다. 넷급여는 페이닥터에게 발생하는 세금과 4대 보험료를 병원이 부담하고 실수령액을 정해서 지급하는 방식을 의미한다. 이러한 계약을 체결한 경우 병원 입장에서는 페이닥터의 높은 4대 보험료와 세금이 부담스러워 페이닥터의 급여를 축소신고하여 당장 납부할 4대 보험료와 세금을 과소신고하는 경우가 있다.

예를 들어 넷트 1,000만 원을 급여로 주기로 약정하고 그중 300만 원은 현금으로 지급하는 방식이다. 만약 이런 경우에 해당한다면 페이닥터의 입장에서는 국세청에 신고한 소득이 1,000만 원이 아니라 700만 원이기 때문에 300만 원은 세금을 납부하지 않은 세전소득이다. 과거부터 부모님께 집 보증금 지원 등의 명목으로 돈을 받고 증여세신고를 하지 않은 경우에도 해당 자금이 원장의 입장에서는 쓸 수 있는 통장에 있는 돈이지만 세무 당국에서 보았을 때는 세금이 신고되지 않은 세전 소득이다. 그러므로 개원자금을 준비하면서 본인의 가용자금이 모두 세후소득에 해당하는지 검토해야 한다.

# 업체와 계약을 하는 경우 유의사항

### (1) 업체에게 지급한 부가가치세 10%는 어떻게 처리가 될까?

우리나라에서 사업자등록을 하고 제품을 판매하거나 서비스를 제공하는 사업자는 제품의 대가 또는 서비스의 대가에 10%를 가산하여 소비자에게 징수하고 이를 국가에 납부해야 한다. 그러므로 인테리어 업체, 마케팅 업체, 전자차트 회사 등 개원을 하는 의사에게 제품을 판매하거나 서비스를 제공하는 업체는 대가에 10%를 원장에게 징수해야 하는 것이다.

이에 개원을 하는 과정에서 원장이 작성하는 계약서에 부가가치세 10% 별도의 표시가 있는 것이며, 부가가치세 10%를 부담한 원장의 측면에서 해당 금액은 과세사업자인지 면세사업지인지에 따라 다르게 처리한다.

과세사업자인 원장도 환자에게 부가가치세를 징수해야 한다. 그리고 부가가치세 신고를 할 때 환자에게 받은 부가가치세와 업체에 지급한 부가가치세를 정산하여 납부금액을 정한다. 100% 과세진료만 하는 병원이라면 업체에게 지급한 부가가치세 전체금액을 납부해야 할 부가가치세에서 공제한다.

면세사업자인 원장은 환자에게 부가가치세를 징수할 필요가 없는 사업자에 해당하여 부가가치세 신고 대상자가 아니다. 그러므로 업체에게 지급한 부가가치세를 포함하여 업체에게 지급한 금액 전체를 경비처리한다.

## (2) 계약금, 중도금, 잔금 거래인 경우 세금계산서는 어떻게 처리될까?

상가를 분양받거나 인테리어 계약을 하는 경우 등 개원을 하는 과정에서 업체에게 지급하는 대가를 분할해서 지급하는 경우가 있을 수 있다. 이 경우 세금계산서는 언제 받아야 할까?

### 1) 계약금 지급일의 다음 날부터 잔금일이 6개월 이내인 경우

통상 잔금일이 업체로부터 재화를 인도받거나 용역의 제공을 완료받는 날이 많다는 가정하에 계약금 지급일부터 잔금일이 6개월 이내인 경우 상가를 사용할 수 있거나 인테리어가 끝나서 병원으로 사용 가능해지는 시점에 세금계산서를 발급받는 것이 원칙이다.

### 2) 계약금 지급일의 다음날부터 잔금일이 6개월을 초과하여 분할 지급 시

이 경우에는 계약금 외 중도금 잔금 등을 지급한 날에 세금계산서를 발급 받는 것이 원칙이다.

특히 과세사업자인 병원의 경우 세금계산서를 제대로 발급받지 않으면 부가가치세 환급신청 시에 문제가 될 수 있으므로 주의해야 한다.

## (3) 세금계산서는 어떻게 보는 것일까?

2013년 6월 7일부터 법인사업자와 직전년도 매출액이 1억 원 이상인 개인사업자가 세금계산서를 발행하는 경우 기존처럼 종이에 작성하여 주는 것이 아니라 전자적 방식으로 발행하는 전자세금계산서를 발행하도록 정하였다.

이러한 개정으로 인해 근래 개원하는 원장들은 대부분의 지출에 대해 종이로 작성한 세금계산서가 아닌 전자세금계산서를 발급받는다.

세금계산서에 작성되는 항목은 필요적 기재사항과 임의적 기재사항으로 구분한다. 필요적 기재사항이란 다음과 같다.

1) 업체의 사업자등록번호, 상호, 대표자 성명

2) 병원의 사업자등록번호, 상호, 대표자 성명

3) 세금계산서 작성연월일

4) 공급가액과 부가가치세액


이 4가지 사항이 착오나 과실로 적혀 있지 않거나 사실과 다르게 적힌 경우 과세사업자인 원장의 경우 지급한 부가가치세에 대해 매입세액 공제를 받지 못할 수 있으니 유의해야 한다.

■ 부가가치세법 시행규칙 [별지 제14호서식] (적색) <개정 2021. 10. 28.>

<table>
<tr><td colspan="17" align="center">세금계산서(공급자보관용)</td><td colspan="3">책 번 호</td><td>권</td><td>호</td></tr>
<tr><td colspan="17"></td><td colspan="3">일 련 번 호</td><td colspan="2">□□-□□□□</td></tr>
</table>

| 공급자 | 등 록 번 호 | 0 0 0 - 0 0 - 0 0 0 0 0 | | 성 명 (대표자) | 김규흡 | 공급받는자 | 등 록 번 호 | 123-12-12345 | | 성 명 (대표자) | 홍길동 |
|---|---|---|---|---|---|---|---|---|---|---|---|
| | 상호(법인명) | 세무법인 진솔 | | | | | 상호(법인명) | 홍길동의원 | | | |
| | 사업장 주소 | 서울특별시 00구 00대로 | | | | | 사업장 주소 | 서울특별시 00구 00대로 | | | |
| | 업 태 | 전문직서비스업 | 종 목 | 세무사업 | | | 업 태 | 보건업 | 종 목 | 일반의원 | |

| 작성 | | | 공 급 가 액 | 세 액 | 비 고 |
|---|---|---|---|---|---|
| 연 | 월 | 일 | 빈칸수 / 조천백십억천백십만천백십일 | 천백십억천백십만천백십일 | |
| 22 | 1 | 31 | 200000 | 20000 | |

| 월 | 일 | 품 목 | 규 격 | 수 량 | 단 가 | 공 급 가 액 | 세 액 | 비 고 |
|---|---|---|---|---|---|---|---|---|
| 1 | 31 | 1월분 기장료 | | | | 200,000 | 20,000 | |
| | | | | | | | | |
| | | | | | | | | |
| | | | | | | | | |

| 합 계 금 액 | 현 금 | 수 표 | 어 음 | 외상 미수금 | 이 금액을 영수 / 청구 함 |
|---|---|---|---|---|---|
| 220,000 | | | | | |

210mm×148.5mm (인쇄용지(특급) 34g/㎡)

세금계산서에는 위와 같은 항목을 기재한다. 전자세금계산서는 홈택스에서 확인할 수 있으며 언급하였던 필요적 기재사항들에 대해 오류가 없는지 확인해야 한다. 다만, 진료를 병행하는 원장의 입장에서는 수많은 세금계산서를 일일이 확인하는 것이 고충스러울 수 있다. 이러한 사업자들의 고충으로 인해 부가가치세법[10]에서는 위의 내용이 일부 착오로 잘못되더라도 다른 증빙서류 등을 통해 거래사실을 확인할 수 있는 경우 패널티를 부과하지 않는 조항도 있으므로 참고하자.

### (4) 세금계산서가 없이 거래하자는 업체가 있는 경우 어떻게 해야 할까?

부가가치세 10%를 할인해 준다는 듯한 표현을 사용하며 세금계산서 없이 현금으로 거래를 하자고 제안하는 업체들이 있을 수 있다. 다음의 이유로 이러한 방식은 원장에게 유리하지 않으므로 지양해야 한다.

#### 1) 과세사업자인 병원의 경우

원장이 부담한 부가가치세 10%는 과세사업자인 병원의 경우 납부해야 할 부가가치세에서 전액 공제한다. 그리고 세금계산서를 받지 않으면 종합소득세 계산 시 경비처리에서 배제되는 것이 원칙이라 원장에게 손해가 발생하므로 세금계산서는 발행받아야 한다.

#### 2) 면세사업자인 병원의 경우

부가가치세 납부의무가 없어 부가가치세 공제효과는 없으나 세금계산서가 없는 경우 종합소득세 계산 시 경비처리하지 않는 것이 원칙이라 원장에게 손해가 발생하므로 세금계산서는 발행받아야 한다.

간혹 업체가 2% 증빙불비가산세를 부담하면 10%의 부가가치세를 부담하는 것보다 세율부담이 8% 낮아 저렴하고, 가산세를 부담하면 종합소득세 계산 시 합법적으로 경비처리 가능하다고 안내하며 마치 이러한 처리 방식이 전통적인 관행인 것처럼 안내하는 경우가 있다.

이런 방식으로 처리하면 원장은 합법적으로 지출한 경비에 대해서도 추후 국세청에 소명을

---

10)   부가가치세법 시행령 제75조【세금계산서 등의 필요적 기재사항이 사실과 다르게 적힌 경우 등에 대한 매입세액 공제】

해야 한다. 그리고 세금계산서와 같은 정규증빙이 없는 비용이 많을수록 우선적으로 세무조사 대상자로 선정하므로 세금계산서는 원칙대로 발급받아야 한다.

## (5) 셀프인테리어를 하는 경우 비용처리는 어떻게 될까?

인테리어 업체에게 인테리어를 위탁하는 경우에는 인테리어 업체가 여러 시공업체들과 개별계약을 한 뒤 병원에 세금계산서를 발행하기 때문에 공사대금에 대해 한번에 발행한 세금계산서의 금액을 확인해야 한다.

간혹 셀프로 인테리어를 하는 원장이 있는데 이 경우 다양한 업체 또는 개인과 거래를 할 가능성이 높기 때문에 경비처리를 위해서는 거래하는 모든 상대방과의 지출내역을 잘 정리해야 하고 다음의 사항을 확인해야 한다.

### 1) 고용산재 보험 의무가입

건설면허업자가 아닌 개인이 시공하는 연면적 합계 100㎡(200㎡)를 초과하면서 공사금액이 2천만 원 이상인 건축물의 건축(대수선) 공사에 해당하는 경우 공사 착공일로부터 14일 이내에 근로복지공단에 건설공사 보험관계성립신고서를 제출하고 70일 이내에 보험료를 신고하고 납부해야 한다.

### 2) 각종 인테리어 비용

철거 비용, 건축자재 구매 비용, 전기공사 비용, 냉난방기 구매 비용, 목공 비용 등 다양한 비용이 발생할 수 있으며 이 경우 인테리어에 필요한 업체가 사업자등록을 한 업체인지 사업자 등록을 하지 않은 일반 개인인지에 따라 필요한 증빙은 차이가 있다.

업체가 사업체인 경우 계약서를 작성한 뒤 병원의 사업자등록번호로 세금계산서를 수취하고 견적서와 계좌이체 내역을 보관해야 한다. 철거업체가 일반 개인인 경우 계약서를 작성하고 상대방의 주민등록증 사본을 받은 뒤 지급 일자와 지급 내역, 지급 명목 등이 적힌 지출 내역을 작성해야 한다.

### (6) 약국으로부터 인테리어 비용 등을 지원받는 경우 어떻게 처리해야 할까?

개원하는 과정에서 인근에 위치한 약국으로부터 인테리어 비용, 회식비 등 각종 비용을 지원받는 경우가 있다. 개원가의 일부 업계에서는 이러한 문제를 지속적으로 공론화하였고[11] 2024년 1월 23일에 약사법과 의료법을 개정하여 부당한 경제적 이익의 제공 및 취득을 금지하는 법률이 신설되었다. 이를 위반하는 경우 자격정지 처분 및 3년 이하의 징역 또는 3천만 원 이하의 벌금이 부과될 수 있어 각별히 주의해야 한다.

세법상으로는 소득세법[12]에 병원의 수입금액에 포함하여 종합소득세에 합산과세하며 경우에 따라 약사로부터 금전을 무상 증여 받은 것으로 보아 증여세를 납부할 수 있으니 유의해야 한다.

약사법 제24조의2 (부당한 경제적 이익 등의 제공 금지)

① 약국개설자(약국을 개설하려는 자 및 해당 약국 종사자를 포함한다)는 처방전의 알선·수수·제공 또는 환자 유인의 목적으로 의료인, 「의료법」 제23조의5제3항에 따른 의료기관 개설자 또는 의료기관 종사자에게 금전, 물품, 편익, 노무, 향응, 그 밖의 경제적 이익(이하 "경제적 이익등"이라 한다)을 제공·약속하거나 의료인, 의료기관 개설자 또는 의료기관 종사자로 하여금 의료기관이 경제적 이익등을 취득하게 하여서는 아니 된다.

② 누구든지 제1항에 위반되는 경제적 이익등의 제공행위를 알선 또는 중개하거나 알선 또

---

11)    2021. 7. 8. 복지부 '약국, 병·의원 인테리어비 등 불법지원 척결'
12)    소득세법 시행령 제51조【총수입금액의 계산】
       ③ 사업소득에 대한 총수입금액의 계산은 다음 각 호에 따라 계산한다.
          4. 사업과 관련하여 무상으로 받은 자산의 가액과 채무의 면제 또는 소멸로 인하여 발생하는 부채의 감소액은 총수입금액
          에 이를 산입한다.

는 중개의 목적으로 광고를 하여서는 아니 된다.

의료법 제23조의5 (부당한 경제적 이익등의 취득 금지)

① 의료인, 의료기관 개설자(법인의 대표자, 이사, 그 밖에 이에 종사하는 자를 포함한다. 이하 이 조에서 같다) 및 의료기관 종사자는 「약사법」 제47조 제2항에 따른 의약품공급 자로부터 의약품 채택·처방유도·거래유지 등 판매촉진을 목적으로 제공되는 금전, 물품, 편익, 노무, 향응, 그 밖의 경제적 이익(이하 "경제적 이익등"이라 한다)을 받거나 의료기관으로 하여금 받게 하여서는 아니 된다. 다만, 견본품 제공, 학술대회 지원, 임상시험 지원, 제품설명회, 대금결제조건에 따른 비용할인, 시판 후 조사 등의 행위(이하 "견본품 제공등의 행위"라 한다)로서 보건복지부령으로 정하는 범위 안의 경제적 이익등인 경우에는 그러하지 아니하다.

② 의료인, 의료기관 개설자 및 의료기관 종사자는 「의료기기법」 제6조에 따른 제조업자, 같은 법 제15조에 따른 의료기기 수입업자, 같은 법 제17조에 따른 의료기기 판매업자 또는 임대업자로부터 의료기기 채택·사용유도·거래유지 등 판매촉진을 목적으로 제공되는 경제적 이익등을 받거나 의료기관으로 하여금 받게 하여서는 아니 된다. 다만, 견본품 제공등의 행위로서 보건복지부령으로 정하는 범위 안의 경제적 이익등인 경우에는 그러하지 아니하다.

③ 의료인, 의료기관 개설자(의료기관을 개설하려는 자를 포함한다) 및 의료기관 종사자는 「약사법」 제24조의2에 따른 약국개설자로부터 처방전의 알선·수수·제공 또는 환자 유인의 목적으로 경제적 이익등을 요구·취득하거나 의료기관으로 하여금 받게 하여서는 아니 된다.

## (7) 의료장비는 리스가 유리할까, 직접 구매하는 것이 유리할까?

의료장비는 리스를 하건 직접 구매를 하건 모두 경비처리하는 점은 동일하다. 다만 리스를 하는 경우에는 의료장비를 직접 구매했을 때와 달리 사후관리를 잘 받을 수 있는 점이 장점으로 여겨진다. 따라서 개원자금이 여유가 있는지 없는지, 직접 구매했을 때와 리스를 통해 구매했을 때의 사후관리의 차이는 어느 정도인지 등을 바탕으로 의사결정을 진행하는 것이 좋다.

| 구분 | 초기자금압박 | 중기자금압박 | 경비처리 | 경비임의조절 |
|---|---|---|---|---|
| 할부 | 적다 | 크다 | 감가상각비 | 가능 |
| 운용리스 | 적다 | 크다 | 리스료 | 불가능 |
| 금융리스 | 적다 | 크다 | 감가상각비<br>이자비용 | 가능 |
| 일시불<br>(자기자금) | 크다 | 적다 | 감가상각비 | 가능 |
| 일시불<br>(타인자금) | 적다 | 크다 | 감가상각비<br>이자비용 | 가능 |

# Ⅲ

# 직원구인단계

# 1

# 넷급여와 그로스 급여의 차이

근로계약을 할 때는 연봉제로 계약을 하고 연봉에 따라 월급여가 정해진다. 즉, 연봉을 12개월로 나눈 금액이 월 급여액인데 이는 직원에게 입금되는 금액이 아니라 세금과 4대 보험료가 반영되지 않은 그로스 급여에 해당한다. 그로스 급여에서 4대 보험과 근로소득세 등을 차감한 차인지급액을 직원의 계좌로 이체하게 되는데 차인지급액을 넷급여로 볼 수 있다.

개원가에서 말하는 넷급여는 세법과 노동관련법률에 존재하는 용어가 아니며 연봉계약을 할 때 차인지급액을 기준으로 맞추어 계약하는 관습적인 방식을 의미한다. 예를 들어 넷급여 300만 원으로 계약을 하게 되면 세전급여와는 관계없이 매월 약정한 실수령액 300만 원을 지급하겠다는 계약을 의미한다.

이러한 계약방식은 의료업에서 유독 많이 발생하고 있으며 원장들이 과거 페이닥터 시절 넷급여로 계약을 했던 관행을 개원가에 그대로 사용하여 개원가에도 이러한 방식이 많이 사용한 것이다. 넷급여는 의료인력들의 입장에서는 세금이나 4대 보험료를 딱히 고민할 것 없이 약정한 급여만 받고 본연의 업무에 집중하면 되므로 편의상 사용하여 온 것으로 보인다.

하지만 넷급여는 여러 문제를 발생시킬 수 있다. 4대 보험과 세금을 대신 내주는 형태이기 때문에 대납한 금액을 직원의 급여로 간주하여 추가 과세가 이루어질 수 있고, 연말정산 시 혹시 환급액이 나와서 원장이 수령하는 경우도 직원과의 마찰과 근로 기준법 위반 등의 문제가 발생할 수 있다.

이러한 문제들로 인해 전문가들은 연봉제로 계약하는 것을 추천하지만 실제 면접 과정에서 연봉제로 급여를 협의하는 경우 면접관인 원장과 면접자인 직원 모두 받을 금액이 얼마인지 이해를 하지 못하는 문제가 생겨서 실수령액을 정해 놓은 다음 이를 세전 연봉으로 역산하여 그로스로 계약하는 방식을 많이 사용한다. 그리고 일반 그로스 계약과 동일하게 연말정산과 4대 보험료 정산금에 대한 권리와 의무는 모두 직원에게 귀속시키는 방식으로 계약서를 작성한다.

예를 들어 3,000,000원의 넷급여 계약을 가정하면 근로계약서에는 3,000,000원을 역산한 3,475,050원을 그로스 급여로 산정한 뒤 12개월을 곱하여 41,700,600원의 연봉계약으로 작성하고 근로계약서에 연말정산과 4대 보험 정산금에 관하여는 일반 그로스 계약과 동일하게 직원이 부담한다는 내용을 기재하는 방식이다.

참고로 2025년 기준 4대 보험 요율은 다음과 같다.

| 구분 | 근로자 | 사업주 |
| --- | --- | --- |
| 국민연금 | 4.5% | 4.5% |
| 건강보험 | 3.545% | 3.545% |
| 장기요양보험료 | 0.4951% | 0.4951% |
| 고용보험료 (실업급여) | 0.9% | 0.9% |
| 고용안정, 직업 능력 개발사업 (150인 미만) | 0.25% | 0.25% |

**유사한 질문**

**Q.** 직원 수습기간에는 4대 보험에 가입하지 않아도 되는가?

**A.** 직원이 입사하면 근로계약서를 작성해야 하는데 수습기간이라는 조항을 넣을 수 있다. 수습기간은 법적으로 최대 3개월 정도 둘 수 있고 최저임금의 90%까지 급여를 지급하

더라도 문제가 발생하지 않는다.

다만 수습기간을 두려면 근로계약서에 반드시 명시해야 하며 직원의 동의가 필요하다. 따라서 근로계약서에 반드시 수습기간을 기재하여야 한다.

이렇게 근로계약서를 통해 수습기간을 가지더라도 4대 보험은 반드시 가입해야 한다. 4대 보험을 가입하지 않는 단기간 근로자(주 15시간 미만 근로자 등)는 4대 보험 가입을 하지 않지만 다음의 표에 해당하게 되면 이들도 4대 보험에 의무적으로 가입하여야 한다.

| 보험 종류 | 의무가입 조건 |
|---|---|
| 국민연금 | 1개월 이상 계속 근로<br>+<br>월 8일 이상 근로 제공 or 월 60시간 이상 근무 or 월 소득 220만 원 이상 |
| 건강보험 | 1개월 이상 계속 근로<br>+<br>월 8일 이상 근로 제공 or 월 60시간 이상 근무 |
| 고용보험 | 소정시간근로 월 60시간 이상 근무 or 주 15시간 이상 근무 의무가입 |
| 산재보험 | 근무기간, 근무시간 상관없이 의무가입 |

# 2

# 5인 이상과 5인 미만인 경우 근로기준법의 차이

근로기준법에는 상시 근로자수가 5인 이상일 때와 5인 미만일 때 적용되는 법률이 다르다. 상시 근로자수를 계산할 때에는 단순히 고용한 인원수로 계산하는 것이 아니라 진료일 동안 일한 근로자의 수를 진료일수로 나누어서 계산한다. 사례를 통해 살펴보자.

| 8월 | | | | | | |
|---|---|---|---|---|---|---|
| 일 | 월 | 화 | 수 | 목 | 금 | 토 |
| | 1 | 2 | 3 | 4 | 5 | 6 |
| | 4명 | 4명 | 4명 | 4명 | 4명 | 5명 |
| 7 | 8 | 9 | 10 | 11 | 12 | 13 |
| 휴무 | 4명 | 4명 | 4명 | 4명 | 4명 | 5명 |
| 14 | 15 | 16 | 17 | 18 | 19 | 20 |
| 휴무 | 4명 | 4명 | 4명 | 4명 | 4명 | 5명 |
| 21 | 22 | 23 | 24 | 25 | 26 | 27 |
| 휴무 | 4명 | 4명 | 4명 | 4명 | 4명 | 5명 |
| 28 | 29 | 30 | 31 | | | |
| 휴무 | 4명 | 4명 | 4명 | | | |

위의 병원은 8월에 27일을 진료한다. 그리고 진료일 동안 일한 근로자는 평일 23일 × 4명에서 토요일 4일 × 5명을 더한 112명이다. 112명을 진료일수인 27일로 나누면 상시근로자수는 4.148명으로 5인 미만 사업장이다.

한편 상시 근로자수 5인 미만 사업장의 경우 근로기준법상 여러 조항을 적용하지 않는데 그 내용은 아래와 같다.

### (1) 근로기준법 제23조. 해고의 제한

사용자는 근로자에게 정당한 이유 없이 해고, 휴직, 정직, 전직, 감봉, 그 밖의 징벌을 하지 못한다.

### (2) 근로기준법 제27조. 해고의 서면통지

사용자는 근로자를 해고하려면 해고사유와 해고시기를 서면으로 통지하여야 한다.

### (3) 근로기준법 제28조. 부당해고 등의 구제신청

사용자가 근로자에게 부당해고 등을 하면 근로자는 노동위원회에 구제를 신청할 수 있다.

### (4) 근로기준법 제46조. 휴업수당

사용자의 귀책사유로 휴업하는 경우에 사용자는 휴업기간 동안 그 근로자에게 평균임금의 100분의 70 이상의 수당을 지급하여야 한다. 다만, 평균임금의 100분의 70에 해당하는 금액 이 통상임금을 초과하는 경우에는 통상임금을 휴업수당으로 지급할 수 있다.

### (5) 근로기준법 제53조. 연장 근로의 제한

① 당사자 간에 합의하면 1주간에 12시간을 한도로 제50조의 근로시간을 연장할 수 있다.

② 당사자 간에 합의하면 1주간에 12시간을 한도로 제51조 및 제51조의2의 근로시간을 연장할 수 있고, 제52조 제1항 제2호의 정산기간을 평균하여 1주간에 12시간을 초과하지 아니하는 범위에서 제52조 제1항의 근로시간을 연장할 수 있다.

③ 상시 30명 미만의 근로자를 사용하는 사용자는 다음 각 호에 대하여 근로자대표와 서면으로 합의한 경우 제1항 또는 제2항에 따라 연장된 근로시간에 더하여 1주간에 8시간을

초과하지 아니하는 범위에서 근로시간을 연장할 수 있다.


### (6) 근로기준법 제56조. 연장, 야간 및 휴일 근로

사용자는 연장근로(제53조·제59조 및 제69조 단서에 따라 연장된 시간의 근로를 말한다)에 대하여는 통상임금의 100분의 50 이상을 가산하여 근로자에게 지급하여야 한다.


### (7) 근로기준법 제60조. 연차유급휴가

사용자는 1년간 80퍼센트 이상 출근한 근로자에게 15일의 유급휴가를 주어야 한다.


### (8) 근로기준법 제72조. 생리휴가

사용자는 여성 근로자가 청구하면 월 1일의 생리휴가를 주어야 한다.


한편 5인 미만 사업장이든 5인 이상 사업장이든 동일하게 적용되는 내용은 아래와 같다.


### (9) 근로기준법 제17조. 근로조건의 명시

사용자는 근로계약을 체결할 때에 근로자에게 다음 각 호의 사항을 명시하여야 한다. 근로계약 체결 후 다음 각호의 사항을 변경하는 경우에도 또한 같다


1. 임금
2. 소정근로시간
3. 제55조에 따른 휴일
4. 제60조에 따른 연차 유급휴가
5. 그 밖에 대통령령으로 정하는 근로조건

## (10) 근로기준법 제26조. 해고의 예고

사용자는 근로자를 해고(경영상 이유에 의한 해고를 포함한다)하려면 적어도 30일 전에 예고를 하여야 하고, 30일 전에 예고를 하지 아니하였을 때에는 30일분 이상의 통상임금을 지급하여야 한다. 다만, 다음 각 호의 어느 하나에 해당하는 경우에는 그러하지 아니하다

## (11) 근로기준법 제54조. 휴게

사용자는 근로시간이 4시간인 경우에는 30분 이상, 8시간인 경우에는 1시간 이상의 휴게시간을 근로시간 도중에 주어야 한다.

## (12) 근로기준법 제55조. 휴일

사용자는 근로자에게 1주에 평균 1회 이상의 유급휴일을 보장하여야 한다.

# 병의원 최저임금

직원을 고용하여 임금을 지급하는 경우 임금은 법에서 정한 최저임금 이상이어야 한다. 최저임금은 매년 1월 1일 기준으로 정하여 적용하므로 매년 최저임금을 점검해야 한다. 최저임금을 계산할 때에는 1주당 근로시간을 기준으로 1달의 근로시간을 환산하는데 계산식은 아래와 같다. 1주당 근로시간은 병원의 진료 시간을 생각하면 간편하다.

**〈1주당 근로시간 계산 사례〉**

병원 진료 시간
월~금: 오전 10시~오후 7시 (점심시간 1시~2시)
토: 오전 10시~오후 2시 (점심시간 없이 진료)

위와 같은 경우 평일은 휴게시간인 점심시간을 제외하고 하루 8시간을 진료하므로 평일은 40시간이 근로시간이고 주말은 점심시간 없이 4시간 진료하므로 주 44시간 근무이다.

**〈최저임금 계산 사례〉**

최저임금 계산식: [{(주당 근로시간 + 주휴시간 8시간) × 365일} ÷ 12개월]

상기 병원의 주당 근로시간은 44시간이므로 44시간을 식에 대입하면 최저임금 계산을 위한 1달의 근로시간은 236시간이다. 이를 연도별 최저임금에 곱하여 세전으로 최저임금을 계산한다. 2025년을 기준으로 하면 최저임금이 10,030원이므로 세전급여는 2,367,080원이다.

한편 최저임금 지급에 관한 법률 위반 시 3년 이하의 징역이나 2천만 원 이하의 벌금에 처할 수 있다.

<연도별 최저임금표>

| 구분 | 최저임금 (세전 시급) |
| --- | --- |
| 2025년 | 10,030원 |
| 2024년 | 9,860원 |
| 2023년 | 9,620원 |
| 2022년 | 9,160원 |
| 2021년 | 8,720원 |
| 2020년 | 8,590원 |
| 2019년 | 8,350원 |
| 2018년 | 7,530원 |
| 2017년 | 6,470원 |
| 2016년 | 6,030원 |

# 4대 보험

4대 보험은 국민연금, 건강보험, 고용보험, 산재보험을 의미하며 정규직 직원을 고용하는 경우 의무 가입해야 한다.

4대 보험의 경우 통상 급여의 16~18%에 상당하는 금액을 납부하여 금액이 크며 언급한 바와 같이 의무 납입해야 하기 때문에 사업주와 근로자 모두 세금과 비슷한 느낌을 받아 납부에 부담을 느끼는 경우가 많다.

한편 4대 보험의 경우에도 부과를 하지 않는 비과세 항목들이 있으니 이에 해당하면 적용을 받아 4대 보험을 아낄 수 있으며 대표적으로 다음과 같다.

| 구분 | 한도 |
| --- | --- |
| 식대 | 월 20만 원 |
| 6세 이하 자녀 출산, 보육수당 | 월 10만 원 |
| 자기 차량 운전보조금 | 월 20만 원 |
| 산전 후 휴가급여, 육아휴직급여 | 전액 |
| 일 숙직비, 여비 | 실비한도 |

# 5

# 연차휴가

상시 근로자수 5인 이상인 사업장에서 1년간 80% 이상 출근한 직원은 원칙적으로 15일의 연차휴가를 사용할 수 있다.

근로 기간이 1년 미만이거나 1년간 80% 미만 출근한 직원이라면 1개월 개근 시 1일의 연차휴가가 발생한다. 그리고 3년 이상 계속 근로한 직원이 있다면 최초 1년을 초과하는 매 2년에 대하여 기본 휴가일에 1일을 가산한 연차휴가를 부여한다.

즉 만 1년차의 경우 11일의 휴가가 발생하고 2년차에 15일, 3년차에 15일, 4년차에 16일, 5년차에 16일, 6년차에 17일이다. 참고로 가산한 휴가를 포함한 총 휴가일수는 25일을 한도로 한다.

4주 동안 평균하여 1주의 소정근로시간이 15시간 미만인 초 단시간 근로자는 연차휴가 규정이 적용되지 않지만 그 외 단시간 근로자들의 경우에는 연차휴가를 시간 단위로 계산하며 다음의 계산식을 사용한다. 이때 1시간 미만은 1시간으로 간주한다.

> 통상근로자의 연차휴가일수 × (단시간근로자의 소정근로시간 / 통상근로자의 소정근로시간) × 8시간

예를 들어 하루에 4시간 주 5일을 근무하는 근로자의 경우 해당 병원의 정규직 직원들의 근

로시간이 8시간이라면 단시간 근로자의 연차휴가일수는 다음과 같이 계산한다.

15일 × (4시간 ÷ 8시간) × 8시간 = 60시간

위 근로자의 연차휴가는 60시간으로 하루 근로시간 4시간으로 나누면 15일을 휴가로 사용할 수 있다.

# 6

# 출산휴가 및 육아휴직

## (1) 출산휴가의 보장

사용자는 임신 중인 직원에게 출산 전과 출산 후를 통하여 90일(한 번에 둘 이상 자녀를 임신한 경우에는 120일)의 출산전후휴가를 주어야 한다. 이 경우 휴가 기간의 배정은 출산 후에 45일(한 번에 둘 이상 자녀를 임신한 경우에는 60일) 이상이어야 한다.

사용자는 임신 중인 여성 근로자가 다음과 같은 사유가 있는 경우에는 출산 전 어느 때 라도 휴가를 나누어 사용할 수 있도록 해 주어야 한다. 이 경우 출산 후의 휴가 기간은 연속하여 45일(한번에 둘 이상 자녀를 임신한 경우에는 60일) 이상이어야 한다.

1) 임신한 근로자에게 유산·사산의 경험이 있는 경우
2) 임신한 근로자가 출산전후휴가를 청구할 당시 연령이 만 40세 이상인 경우
3) 임신한 근로자가 유산·사산의 위험이 있다는 의료기관의 진단서를 제출한 경우

## (2) 육아휴직의 보장

육아휴직제도는 임신 중인 여성 근로자나, 8세 또는 초등학교 2학년 이하 자녀를 가진 근로자가 자녀 양육을 위해 최대 1년간 육아휴직을 사용할 수 있는 제도이다. 육아휴직을 신청하기 위해서는 근로자는 육아휴직 개시 예정일의 30일 전까지 육하휴직 기간, 자녀 성명 등 필요한 사항을 기재하여 사용자에게 제출해야 한다. 사용자는 육아휴직 개시예정일 기준 근로

자의 근로시간이 6개월 미만인 경우를 제외하고는 육아휴직을 반드시 허용해야 한다.

육아휴직을 한 직원이 복직하는 경우 사용자는 육아휴직 종료 후 휴직 전과 동일하거나 동등한 수준의 임금을 지급하는 업무로 복귀시켜야 하며 육아휴직기간(자녀당 1년)은 승진, 퇴직금 산정, 연차휴가 가산 등의 기초가 되는 근속기간에 포함시켜야 한다.

사용자는 육아휴직을 이유로 해고나 그 밖의 불리한 처우를 할 수 없으며 이때, 그 밖의 불리한 처우란 휴직, 정직, 배치전환, 전근, 출근정지, 승급정지, 감봉 등으로 근로자에게 경제·정신·생활상의 불이익을 주는 것을 포함한다. 이를 위반하여 사업주가 육아휴직만을 이유로 근로자에게 승진에서 불이익을 주는 등 불리한 처우를 하면 3년 이하의 징역 또는 3천만 원 이하의 벌금이 부과될 수 있으니 유의해야 한다.

# 7

# 퇴직금

근로자퇴직급여보장법 제8조제1항의 규정에 의거 사용자는 계속근로기간 1년에 대하여 30일분 이상의 평균임금을 퇴직금으로 퇴직하는 근로자에게 지급할 수 있는 제도를 설정하여야 하며, 이때 계속근로년수라 함은 근로계약을 체결하여 고용한 날부터 퇴직할 때까지의 전체 기간을 말한다.

퇴직금 산정의 기준이 되는 평균임금은 근로기준법 제2조의 규정에 따라 이를 산정하여야 할 사유가 발생한 날 이전 3개월 동안에 그 근로자에 대하여 지급한 임금총액을 그 기간의 총일수로 나눈 금액을 의미하며 이러한 방법으로 산출한 평균임금액이 그 근로자의 통상임금보다 적으면 그 통상임금액을 평균임금으로 하여야 한다.

## (1) 평균임금의 계산

= 산정사유발생일 이전 3개월간의 임금총액 ÷ 위 3개월간의 역일수(총 날짜수)

## (2) 퇴직금 = 평균임금 × 30일분 × 계속근로일수 ÷ 365

오랫동안 근속한 직원이나 급여가 높은 페이닥터들이 퇴사하는 경우 일시에 예상치 못한 큰 금액이 지출될 수 있기 때문에 실무에서 병원장들은 매년 퇴직금을 미리 정산하여 납입하는 방식인 퇴직연금에 가입하는 것을 선호한다.

퇴직연금제도는 확정 급여형(DB)과 확정 기여형(DC)으로 나뉘는데 확정 급여형은 적립금 운용 손익과 상관없이 (평균임금 30일분) × (근속 연수) 해당 금액을 구성원에게 지급하는 제도이다. 확정 기여형은 퇴직연금계좌에 매년 임금 총액의 1/12 이상을 적립하고 구성원이 적립금을 직접 운용하는 제도. 적립금을 금융 상품에 투자할 수 있고, 그로 인한 손익에 따라 퇴직급여액이 달라질 수 있다.

# 권고사직과 해고

　권고사직은 법률상의 용어는 아니며 일반적으로 사용자가 근로자에게 사직을 제시하고 근로자가 이를 받아들여 사직서를 작성하는 방식으로 근로관계가 종료하는 것을 의미한다. 권고사직으로 종료된 근로관계에 대해서는 노동 관련 법에서 별도로 정하는 바가 없으나 해고는 다르다.

　해고는 사용자가 근로자의 의사와는 상관없이 근로계약 관계를 일방적으로 종료시키는 것을 말한다. 직원을 해고하는 경우에는 정당한 이유가 존재해야 하고 해고예고 통지를 해야 하며 해고 사유와 해고 시기를 구체적으로 적어서 서면으로 통지해야 한다. 이 중 어느 요건이라도 결여된다면 부당해고 구제신청의 대상이 될 수 있으며 사용자는 근로자를 복직시키고 부당해고 기간의 임금을 지급해야 한다.

　사직서를 제출했다고 하여 반드시 권고사직으로는 인정되지 않을 수 있으며 사직서를 제출하게 된 경위, 권고사직을 종용하는 강도와 횟수, 사직서를 제출하지 않았을 때 예상되는 불이익의 정도 등 사실판단에 따라 사직서를 제출받고 권고사직 처리를 했다고 해도 해고로 판단될 수도 있다.

　그러므로 직원을 권고사직 해야 할 사유가 생기거나 해고해야 할 사유가 생긴다면 반드시 노무사 등 노동관련 법률 전문가와 상의 후 진행해야 한다.

# 2025년 바뀌는 노동관련제도[13]

## (1) 청년일자리도약 장려금

| 기존 | 개정 |
| --- | --- |

**기존**

| 구분 | 유형 |
| --- | --- |
| 지원 업종 | 모든 업종 |
| 지원 대상 | 취업애로 청년 |
| 지원 기간 | 1년 |
| 지원금 | 최대 720만 원<br>+2년 근속 시 480만 원<br>=1,200만 원 |

**개정**

| 구분 | 1 유형 (기존과 동일) |
| --- | --- |
| 지원 업종 | 모든 업종 |
| 지원 대상 | 취업애로 청년 |
| 지원 기간 | 1년 |
| 지원금 | 최대 720만 원<br>+2년 근속 시 480만 원<br>=1,200만 원 |

| 구분 | 2 유형 (신설) |
| --- | --- |
| 지원 업종 | 빈 일자리 업종(제조업, 음식점업 등) |
| 지원 대상 | 모든 청년 |
| 지원 기간 | 1년 |
| 지원금 | 1년간 720만 원 + 18개월, 24개월 차에 각 240만 원 = 1,200만 원 |

## (2) 2025년 달라지는 고용, 복지제도

### 1) 육아기 · 임신기 근로시간 단축 사용 시 연차산정 방법 변경 (시행일: 2024.10.22.)

- 육아기 · 임신기에 단축된 근로시간도 출근간주 기간으로 산입

---

13)  출처: 병의원 전문 노무법인 원의 김우탁 노무사 (상담문의: 02-6497-1880)

## 2) 최저임금 인상 (시행일: 2025.1.1.)

- 9,860원/시간 → 10,030원/시간

  1주 40시간 근무 시 월 2,096,270원(주휴수당 포함)


## 3) 출산·육아기 고용안정 장려금 확대 (시행일: 2025.1.1.)

- 출산휴가, 육아기 근로시간 단축 시에만 지급 → 육아휴직 시에도 지급

- 직접고용 시에만 지급 → 파견근로자 사용 시에도 지급

- 지원수준: 월 80만 원 → 월 120만 원 (※ 인수인계기간 포함)


## 4) 육아휴직지원금 인센티브 확대 (시행일: 2025.1.1.)

- 남성 육아휴직 허용 시 인센티브 확대: 월 30만 원 → 월 40만 원 (1~3호 허용사례에만 적용)


## 5) 동료 업무분담지원금 대상 확대 (시행일: 2025.1.1.)

- 육아기 근로시간 단축 시에만 지급 → 육아휴직 시에도 지급 (월 최대 40만 원)


## 6) 육아휴직 기간 및 분할사용 횟수 변경 (시행일: 2025.2.23.)

- ① 부모 모두 3개월 이상 육아휴직 사용, ② 한부모 가정, ③ 장애아동의 부모는 육아휴직

  기간 확대: 1년 → 1년 6개월

- 분할사용 횟수 확대: 2회 → 3회 (즉 사용횟수는 4회)


## 7) 육아기 근로시간 단축 (시행일: 2025.2.23.)

- 육아기 근로시간 단축 대상자녀 연령 확대: 8세(초2) → 12세(초6)

- 육아휴직 미사용 기간의 2배 가산하여 사용 가능 (육아휴직 미사용 시 최대 3년 사용 가능)

- 1회 사용기간 단축: 3개월 → 1개월

## 8) 배우자 출산휴가 확대 (시행일: 2025.2.23.)

- 배우자 출산휴가 일 수 확대: 10일 → 20일

- 우선지원 대상기업 급여지원 확대: 5일 → 20일

- 사용기간 확대: 출산 후 90일 내 청구 → 120일 내 사용

- 분할사용 횟수 확대: 1회 → 3회 (즉 사용횟수는 4회)

## 9) 임신기 근로시간 단축 (시행일: 2025.2.23.)

- 임신기 근로시간 단축기간 확대: 임신 후 12주 이내~36주 이후 → 임신 후 12주 이내~32주
  이후

- 유산·조산 위험 있는 경우 임신 전(全) 기간에 대해 사용 가능

## 10) 출산전후휴가 확대 (시행일: 2025.2.23.)

- 미숙아 출산하여 신생아 집중치료실에 입원하는 경우 출산전후휴가 기간 확대: 90일 →
  100일

## 11) 난임치료휴가 확대 (시행일: 2025.2.23.)

- 난임치료휴가 확대: 연간 3일 중 1일 유급 → 연간 6일 중 2일 유급
- 우선지원 대상기업 급여지원 신설

## 12) 상습 체불사업주 처벌 강화 (시행일: 2025.10.23.)

- 신용제재 등 경제적 제재 강화
- 정부 등의 보조금, 지원금 신청 제한
- 정부 등이 발주하는 공공입찰 시 불이익
- 출국금지 가능
- 근로자는 3배 이내의 손해배상 청구 가능

# IV

# 개원행정단계

# 의료기관개설신고

의료법에 따라 의원, 치과의원, 한의원 또는 조산원을 개설하려는 경우에는 관련 법률에 따른 신고를 해야 하고, 병원, 치과병원, 한방병원, 요양병원을 개설하려는 경우에는 관련 법률에 따른 허가를 받아야 한다.

의료기관은 목적과 기능에 따라 다음과 같이 분류한다.

- 의원: 주로 외래환자를 대상으로 각각 그 의료행위를 하는 의료기관으로서 주로 30병상 미만의 병상을 갖춘다.

- 병원, 치과병원, 요양병원, 한방병원: 주로 입원환자에 대하여 의료를 행할 목적으로 개설하는 의료기관을 말하며 30개 이상의 병상을 갖추어야 한다. (치과병원은 해당 없음)

- 종합병원: 100병상 이상을 갖추어야 하며 100병상 이상 300병상 이하인 경우에는 내과, 외과, 소아청소년과·산부인과 중 3개 진료과목, 영상의학과, 마취통증의학과와 진단검사의학과 또는 병리과를 포함한 7개 이상의 진료과목을 갖추고 각 진료과목마다 전속하는 전문의를 두어야 한다.

300병상을 초과하는 경우 내과, 외과, 소아청소년과, 산부인과, 영상의학과, 마취통증의학과, 진단검사의학과 또는 병리과, 정신건강의학과 및 치과를 포함한 9개 이상의 진료과목을 갖추고 각 진료과목마다 전속하는 전문의를 두어야 한다.

한편 의료기관개설신고는 개원하여 진료를 하기 위한 필수절차에 해당하므로 이에 관하여 살펴보기로 한다.

## (1) 의료기관개설신고란?

의료기관개설신고는 병의원 사업을 영위하기 위해 갖추어야 할 기기 및 공간을 확인받고 자격이 있는 자에게 병의원 사업을 할 수 있도록 시, 군, 구 보건소의약과에 신고하는 행정적 절차이다. 이 절차를 통해서 병의원의 사업을 영위 가능 여부 등을 점검받고 하자가 없을 경우에 보건소에서 의료기관개설 신고증명서를 발행해 주며 이러한 의료기관개설 신고증명서는 추후 세무서에서도 요구하는 경우가 있을 정도로 중요한 서류에 해당한다.

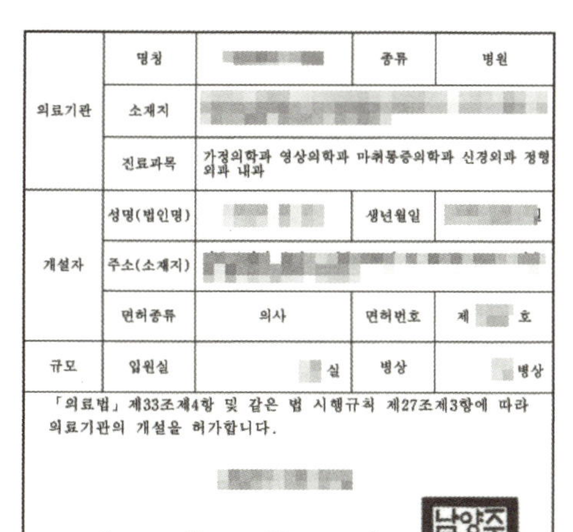

**NAMYANGJU CITY**　료 기 관　개 설 허 가 증

| 의료기관 | 명칭 | | 종류 | 병원 |
|---|---|---|---|---|
| | 소재지 | | | |
| | 진료과목 | 가정의학과 영상의학과 마취통증의학과 신경외과 정형외과 내과 | | |
| 개설자 | 성명(법인명) | | 생년월일 | |
| | 주소(소재지) | | | |
| | 면허종류 | 의사 | 면허번호 | 제　　호 |
| 규모 | 입원실 | 실 | 병상 | 병상 |

「의료법」 제33조제4항 및 같은 법 시행규칙 제27조제3항에 따라 의료기관의 개설을 허가합니다.

남　양　주　시

문서발급번호 : 21339-20595-00510-32002

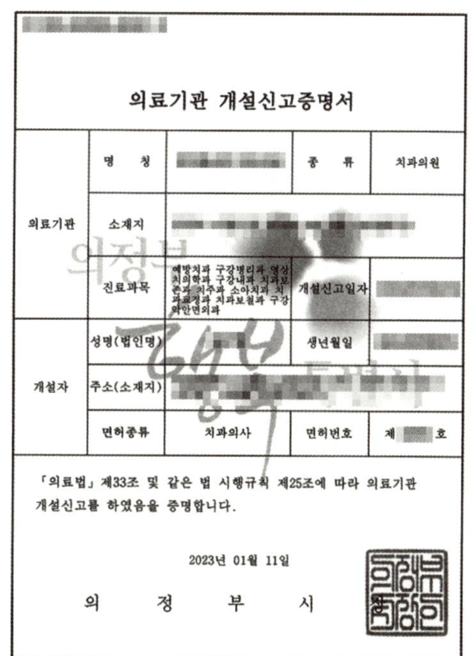

### 의료기관 개설신고증명서

| 의료기관 | 명 칭 | | 종 류 | 치과의원 |
|---|---|---|---|---|
| | 소재지 | | | |
| | 진료과목 | 예방치과 구강병리과 영상치의학과 구강내과 치과보존과 치주과 소아치과 치과교정과 치과보철과 구강악안면외과 | 개설신고일자 | |
| 개설자 | 성명(법인명) | | 생년월일 | |
| | 주소(소재지) | | | |
| | 면허종류 | 치과의사 | 면허번호 | 제　　호 |

「의료법」 제33조 및 같은 법 시행규칙 제25조에 따라 의료기관 개설신고를 하였음을 증명합니다.

2023년 01월 11일

의　정　부　시

## (2) 의료기관개설신고를 하는 시기는 언제인가?

의료기관개설신고는 병의원의 시설 중 인테리어의 완료가 예상되는 시점에 근접하여 사전 신청을 하는 것이 일반적이다. 개원 일정에 따라 다르겠지만 보통 인테리어가 80% 정도 완성[14] 되고 소방 시설 등을 구비한 시점에 신청서를 접수하는 경우가 많으며 그보다 빠르게 접수를 하는 경우도 있는 것으로 보인다.

## (3) 의료기관개설신고 시 필요서류는 무엇인가?

신청서류 등 일체는 보통 보건소의약과에 비치하기 때문에 방문하여 직접 작성한다. 미리 작성하기 위해서는 구비 서류를 보건소에 문의하여 받은 뒤 작성하여 방문하며 제출해야 하는 서류는 다음과 같다.

### 1) 의사면허증 사본 및 근무할 간호사 및 간호조무사 면허증 사본

개원하는 의사 본인과 의료인력(간호사, 간호조무사, 치위생사, 방사선사 등) 중 1명은 포함하여야 의료기관개설 신청 접수가 되기 때문에 사전에 1명 이상의 간호사나 간호조무사를 고용하는 것을 추천한다.

### 2) 전문의자격증 사본

전문의의 경우 병원 상호에 전문의임을 표시해야 하므로 의사의 전문의자격증 사본이 필요하다.

### 3) 건물평면도 사본 및 그 구조설명서

건물평면도는 인테리어 도면을 구비해야 한다. 그리고 병원 내부의 방과 구역마다 명칭과 면적을 정리한 구조설명서가 필요하다. 통상 인테리어 업체와 상의하여 진행한다.

---

14)　육안으로 진료실이나 방들을 식별할 수 있고 벽지와 바닥공사는 완료한 상황.

상기 서류와 함께 본인의 신분증을 가지고 보건소의약과 의료기관개설 담당자에게 의료기관개설신고를 접수한다. 관할 보건소의 담당자마다 실제로는 필요서류와 양식이 다른 경우가 있기 때문에 위 서류 외에 추가적인 서류 등이 있는지는 보건소의약과 담당 직원과 사전에 연락해 보고 준비하는 것을 추천한다.

### (4) 의료기관개설신고 절차는 어떻게 되는가?

의료기관개설신고는 신고 접수 후 약 10일 내에 처리하도록 정하고 있으며 병의원을 개설할 수 있는 요건을 갖추지 못하는 경우 서류 접수 자체를 받아 주지 않거나 서류 접수 후 반려하는 경우도 있다.

서류를 접수하면 보건소에서는 개설을 하고자 하는 상호를 보고 보건소 관할 지역에 동일 명칭이 있는지 확인한다. 만약 동일 명칭으로 개설한 병의원이 있는 경우 해당 상호를 사용할 수 없다.

그리고 병의원을 개설하고자 하는 개설지의 주소를 검색하여 병의원 개설이 가능한지 확인한다. 만약 개원지의 용도가 의료기관개설에 부적합한 경우(건축물의 용도가 1종 근린생활시설 의원이 아닌 경우) 보건소 담당자는 서류 접수를 거부하고 용도변경을 요청한다.

개설지 등의 문제가 없어 정상적으로 서류를 접수하면 보건소에서는 관할 경찰서에 성범죄경력조회를 하고, 소방서에 소방시설점검을 의뢰한다. 소방서에서 시설점검 방문을 위해 직접 소방관들이 현장에 방문하는 경우가 있으므로 스케줄을 맞추어 점검 시 함께 확인하는 것이 좋다.

성범죄경력조회 및 소방 점검에서 문제가 없는 경우 보건소에서 시설점검을 위해 직접 병원으로 방문하고 병의원 시설의 구비 및 소독기 등을 확인 후 특별한 문제나 지적사항이 없는 경우 의료기관개설 신고증명서를 발급해 준다.



## (5) 의료기관개설신고 관련한 특수한 경우는?

### 1) 양도 양수 시 의료기관개설신고는 어떻게 하나?

양도 양수의 경우는 보통 두 가지 방법으로 진행을 하는데 첫 번째는 양도 원장이 폐업을 하고 양수 원장이 새롭게 개설하는 경우이고 두 번째는 명의 이전만 하는 경우이다.

행정절차 상의 간편함을 이유로 두 번째 방법인 기존의 병원을 인수하는 형태로 의료기관 개설변경신고를 통해서 사업장의 명의자를 변경하는 경우가 많다.

폐업 후 새롭게 의료기관개설신고를 하는 경우는 상기 신규의료기관개설신고와 동일하게 진행하는 반면 의료기관개설변경신고를 통해 명의만 변경하는 경우는 건축물 용도 등을 확 인하지 않으며 구조변경 등을 하지 않는 경우에는 소방 점검 등의 절차도 생략되기 때문에 상 대적으로 간편하고 시간도 단축되는 장점이 있다.

따라서 보통 양도 양수 계약을 하고 난 뒤 양도 양수일 이전에 보건소의약과 담당자와 통화 하여 일정을 조율하고 진행하는 것을 추천하며, 명의변경 시 양도 원장 인감 날인 시 양수 원 장이 보건소를 방문하여 처리 가능하나 함께 방문하는 경우 절차상 원활히 변경 처리가 되는 경우가 많기 때문에 함께 방문하는 것을 추천한다.

### 2) 의료기관개설신고 시 페이닥터로 근무하여도 되는가?

의료기관개설신고 시 원칙적으로는 페이닥터로 근무할 수 없다. 4대 보험 및 근무하는 병 원의 인력으로 신고하는 상황에서는 개설신고 처리가 되지 않기 때문에 반드시 의료기관개 설신고 전에 직전 병원에서 퇴사 처리를 해야 한다.

이때 중요한 점은 4대 보험의 상실을 통한 퇴사 처리뿐만 아니라 봉직 중인 병원에서 등록한 심평원에서 면허도 제외해야 한다. 간혹 심평원에서 면허를 제외하지 않아 개설에 문제가 생기는 경우가 발생하므로 퇴직을 하는 경우 봉직하는 병원에 확인하여 퇴사 처리 및 심평원 인력등록에서 제외하도록 요청해야 한다.

### 3) 의료기관개설신고 시 건축물 대장상 용도는?

2020년 이전에는 근린생활시설일 경우 의료기관개설신고가 가능하였지만 이후 건축법시행령이 개정되면서 1종 근린생활시설에만 의료기관개설신고가 가능하다.

1종 근린생활시설로 변경하기 위해서는 장애인 편의시설을 설치해야 한다. 만일 변경이 필요한 경우라면 임대차계약 전에 꼭 확인하고 시설 등의 설치 부담을 임차인과 임대인 중 누구의 책임으로 할 것인지 확인해야 한다. 병의원 면적당 편의시설 의무설치 기준은 다음과 같으므로 참고하여 보면 좋다.

**근린생활시설의 편의시설 의무설치 적용기준 (2022. 5. 1. 시행)**

| 면적 | 의무설치기준 |
| --- | --- |
| 100㎡ 미만 | 미대상 |
| 100~500㎡ 미만 | 주출입구 접근로, 주출입구 높이 차이 제거, 출입구(문) |
| 500㎡ 이상 | 주출입구 접근로, 주출입구 높이 차이 제거, 출입구(문), 복도, 계단 또는 승강기, 장애인 전용 화장실, 장애인 전용 주차구역 |

### 4) 같은 층 약국 개설 등은 가능한가?

약사법에 따라 병의원 시설 내나 같은 층에 약국을 개설하고자 하는 경우 개설이 어려운 경우가 있다. 이 경우 어떠한 사람이든 사용할 수 있는 다중시설 등을 같은 층에 임대 혹은 개업을 하게 하여 같은 층에 약국을 유치하는 경우가 있는데 이는 법률적으로 다툼이 많은 부분이기에 신중히 검토 후 진행하는 것을 추천한다.

## 5) 방사선 장비 등 신고는?

방사선 장비를 사용하는 경우 방사선 장비에 관한 신고를 따로 진행해야 한다. 보통은 방사선 장비를 제공하는 의료기기 업체에서 진행해 주고 있어 특별히 문제가 되지는 않지만 직접 진행하는 경우는 방사선 장치 신고서 등을 보건소에 제출하여 신고해야 방사선 장비를 사용할 수 있다.

■ 의료법 시행규칙 [별지 제16호서식] <개정 2024. 11. 7.>

# 의료기관 개설 [ ]허가신청서
# [ ]허가사항 변경신청서

※ [ ]에는 해당되는 곳에 √표를 합니다.

(5쪽 중 1쪽)

| 접수번호 | 접수일 | 처리기간 | 10일 |
|---|---|---|---|

## [의료기관 현황]

<table>
<tr><td rowspan="4">의료<br>기관</td><td>명칭</td><td colspan="2"></td><td>종류</td><td colspan="3">(요양병원인 경우에는 [ ]일반 [ ]장애인 의료재활<br>시설 중 해당 구분에 √표시합니다)</td></tr>
<tr><td>소재지</td><td colspan="2"></td><td>연락처<br>(전화)<br>(전자우편)</td><td colspan="3">(팩스)</td></tr>
<tr><td>요양기관기호(신규 개설시에는 적지 않습니다)</td><td colspan="2"></td><td>개설예정일</td><td colspan="3">년      월      일</td></tr>
<tr><td>종사자 수</td><td colspan="2"></td><td colspan="4">의료인      명, 의료기사      명, 그 밖의 종사자      명</td></tr>
</table>

| 설립<br>구분 | 01<br>국립 | 02공립 | | | | 03법인 | | | | | | | | | | 04<br>개인 | 05<br>군<br>병원 | 06<br>기타 |
|---|---|---|---|---|---|---|---|---|---|---|---|---|---|---|---|---|---|---|
| | | [ ]<br>시도<br>립 | [ ]<br>시군<br>구립 | [ ]<br>지방<br>의료<br>원 | [ ]<br>기타<br>공립 | [ ]<br>학교<br>법인 | [ ]<br>특수<br>법인 | [ ]<br>종교<br>법인 | [ ]<br>사회<br>복지<br>법인 | [ ]<br>사단<br>법인 | [ ]<br>재단<br>법인 | [ ]<br>회사<br>법인 | [ ]<br>의료<br>법인 | [ ]<br>소비자<br>생활협동<br>조합 | [ ]<br>사회적<br>협동<br>조합 | | | |

1. 종류란에는 해당 종류 기호를 적습니다(종류: 01종합병원 02병원 03치과병원 04한방병원 05요양병원 06정신병원)
2. 설립구분란에는 해당 구분코드 또는 [ ]에 √표시합니다.
3. 요양기관기호란은 개설허가사항 변경신청 시에만 작성하며, 건강보험심사평가원으로부터 부여받은 요양기관기호(8자리)를 적습니다.

## [신청인(개설자) 현황]

| 법인 | 법인명 | | 법인등록번호 | | | 소재지 | | 연락처<br>(전화)<br>(팩스) | | |
|---|---|---|---|---|---|---|---|---|---|---|

| | 성명 | 주민등록번호<br>(외국인등록번호) | 면허<br>종류 | 면허<br>번호 | 자격<br>종류 | 자격<br>번호 | 주소 | 연락처 | | |
|---|---|---|---|---|---|---|---|---|---|---|
| 개설자<br>(대표자) | | | | | | | | 집 | 휴대전화 | 전자우편주소 |
| | | | | | | | | | | |
| | | | | | | | | | | |

## [변경사항]

| 구 분 | 변 경 전 | 변 경 후 | 변경적용일 |
|---|---|---|---|
| 개 설 자 | | | |
| 의료기관의 종류 | | | |
| 진료과목 | | | |
| 시 설 | | | |
| 명 칭 | | | |
| 의료인 수 | | | |
| 소재지 등 | | | |

「의료법 시행규칙」 제27조제1항 및 제28조제1항에 따라 위와 같이 신청합니다.

년      월      일

신청인                                      (서명 또는 인)

**시·도지사** 귀하

## [시설현황①]

| 구분 | 계 | 일반입원실 | 정신건강의학과 입원실 | | 중환자실 | | | 격리병실 | 무균치료실 | 임종실 | 구분 | 수술실 | 회복실 | 응급실 | 물리치료실 | 임상검사실 | 조제실 | 탕전실 |
|---|---|---|---|---|---|---|---|---|---|---|---|---|---|---|---|---|---|---|
| | | | 개방 | 폐쇄 | 소계 | 성인소아 | 신생아 | | | | | | | | | | | |
| 병실 | | | | | | | | | | | 병실 | | | | | 유[ ] | 유[ ] | 유(내[ ], 외[ ]) |
| 병상 | | | | | | | | | | | 병상 | | | | | 무[ ] | 무[ ] | 무(원외공동 이용[ ], 무[ ]) |
| 면적 (㎡) | | | | | | | | | | | 총 면적 (㎡) | (시설의 총면적을 기록합니다.) | | | | | | |

1. 「의료법 시행규칙」 별표 3 또는 보건복지부장관이 별도로 정하는 시설규격에 적합해야 합니다.
2. 입원병실에는 「의료 해외진출 및 외국인환자 유치 지원에 관한 법률」에 따른 외국인환자를 위한 병실·병상수와 「응급의료에 관한 법률」 제33조에 따라 응급의료기관이 응급환자를 위해 확보해야 하는 예비병상을 포함하여 기록합니다.
3. 격리병실은 전염성 환자, 면역이 억제된 환자 및 화상 환자 등을 수용할 수 있는 시설을 말합니다.
4. 입원병실의 병실·병상수에는 특수진료실의 병실·병상수가 포함되지 않도록 구분하여 기록합니다.

## [시설현황②]

| 구분 | 음압격리병실 | | | 중환자 1인실 | | | 중환자실 내 (음압)격리병실 | | | 1. 「의료법 시행규칙」 별표 4 준수여부를 확인하기 위하여 위 시설현황 ①과 별도로 기록합니다. |
|---|---|---|---|---|---|---|---|---|---|---|
| | 소계 | 1인 | 다인 | 소계 | 성인소아 | 신생아 | 소계 | 음압격리병실 | 격리병실 | 2. 음압격리병실은 ①의 격리병실에 포함된 음압격리병실과 중환자실 내 음압격리병실을 포함하여 기록합니다. |
| 병실 | | | | | | | | | | |
| 병상 | | | | | | | | | | |

## [시설현황③]

| 구급자동차 | 대 | 세탁물처리시설 | 유무 [ ] | 의무기록실 | 유무 [ ] | 한방요법실 | 유무 [ ] |
|---|---|---|---|---|---|---|---|
| 급식시설 | 유무 [ ] | 소독시설 | 유무 [ ] | 자가발전시설 | 유무 [ ] | 화장실 | 유무 [ ] |
| 방사선장치 | 유무 [ ] | 시체실 | 유무 [ ] | 장례식장 | 유무 [ ] | 휴게실 | 유무 [ ] |
| 병리해부실 | 유무 [ ] | 욕실 | 유무 [ ] | 의료폐기물 처리시설 | 유무 [ ] | 식당 | 유무 [ ] |

## [인원현황]  총    명 (정신건강전문요원 제외)

| 01 | 의사 | 계 | 명 | 07 | 약사 | 계 | 명 | 13 | 치과위생사 | 명 |
|---|---|---|---|---|---|---|---|---|---|---|
| | | 일반의 | 명 | | | 약사 | 명 | 14 | 보건의료정보관리사 | 명 |
| | | 전문의 | 명 | | | 한약사 | 명 | 15 | 영양사 | 명 |
| 02 | 치과의사 | | 명 | 08 | 임상병리사 | | 명 | 16 | 조리사 | 명 |
| 03 | 한의사 | | 명 | 09 | 방사선사 | | 명 | 17 | 사회복지사 | 명 |
| 04 | 조산사 | | 명 | 10 | 물리치료사 | | 명 | 18 | 정신건강전문요원 | 명 |
| 05 | 간호사 | | 명 | 11 | 작업치료사 | | 명 | 19 | 안경사 | 명 |
| 06 | 간호조무사 | | 명 | 12 | 치과기공사 | | 명 | 20 | 그 밖의 종사자 | 명 |

* 의료기관의 의료인 수가 변경된 경우, 인원현황을 「국민건강보험법 시행규칙」 제12조제2항에 따른 별지 제17호서식으로 건강보험심사평가원에 서면으로 제출하거나, 보건의료자원 통합신고포털을 통해 신청해야 하며, 「의료법 시행규칙」 제30조의2제4항에 따라 관할 시·도지사에게도 변경신청서를 제출한 것으로 간주되므로 이 서식으로 신청하지 않습니다.

## [진료과목 현황] 총      과목

※ 해당 진료과목에 √표시합니다.

| 코드 | 진료과목 | 코드 | 진료과목 | 코드 | 진료과목 | 코드 | 진료과목 | 코드 | 진료과목 |
|---|---|---|---|---|---|---|---|---|---|
| 01 | 내과 | 11 | 소아청소년과 | 21 | 재활의학과 | 50 | 구강악안면외과 | 61 | 통합치의학과 |
| 02 | 신경과 | 12 | 안과 | 22 | 핵의학과 | 51 | 치과보철과 | 80 | 한방내과 |
| 03 | 정신건강의학과 | 13 | 이비인후과 | 23 | 가정의학과 | 52 | 치과교정과 | 81 | 한방부인과 |
| 04 | 외과 | 14 | 피부과 | 24 | 응급의학과 | 53 | 소아치과 | 82 | 한방소아과 |
| 05 | 정형외과 | 15 | 비뇨의학과 | 25 | 직업환경의학과 | 54 | 치주과 | 83 | 한방안·이비인후·피부과 |
| 06 | 신경외과 | 16 | 영상의학과 | 26 | 예방의학과 | 55 | 치과보존과 | 84 | 한방신경정신과 |
| 07 | 심장혈관흉부외과 | 17 | 방사선종양학과 | | | 56 | 구강내과 | 85 | 침구과 |
| 08 | 성형외과 | 18 | 병리과 | | | 57 | 영상치의학과 | 86 | 한방재활의학과 |
| 09 | 마취통증의학과 | 19 | 진단검사의학과 | | | 58 | 구강병리과 | 87 | 사상체질과 |
| 10 | 산부인과 | 20 | 결핵과 | | | 59 | 예방치과 | | |

※ 「국민건강보험법 시행규칙」 별지 제14호서식 및 「요양급여비용 청구방법, 심사청구서·명세서 서식 및 작성요령」 별표 5에 따라 기록해야 합니다.

| 구분 | 신청인(개설자) 제출서류 | 담당 공무원 확인사항 | 수수료 |
|---|---|---|---|
| 개설허가 신청의 경우 | 1. 개설하려는 자가 법인인 경우: 법인 설립 허가증 사본(「공공기관의 운영에 관한 법률」에 따른 준정부기관은 제외합니다), 정관 사본 및 사업계획서 사본 각 1부<br>2. 개설하려는 자가 의료인인 경우: 사업계획서 사본 1부<br>3. 건물평면도 사본 및 그 구조설명서 사본 1부<br>4. 의료인 등 근무인원에 대한 확인이 필요한 경우: 면허(자격)증 사본(「의료법 시행규칙」 제27조제2항에 따라 행정정보의 공동이용으로 확인할 수 있는 경우는 제외합니다) 1부<br>5. 「의료법」 제36조제1호·제2호·제4호 및 제5호의 준수사항에 적합함을 증명하는 서류 | 1. 법인 등기사항증명서(개설하려는 자가 법인인 경우만 해당합니다)<br>2. 의료인 면허증(개설하려는 자가 의료인인 경우만 해당합니다)<br>3. 「전기안전관리법 시행규칙」 제18조제3항 본문에 따른 전기안전점검 확인서(종합병원만 해당합니다)<br>4. 의료인 등 근무인원의 면허(자격)증(근무인원에 대한 확인이 필요한 경우만 해당합니다) | 지방자치단체 조례로 결정합니다 |
| 허가사항의 변경신청의 경우 | 변경 사항을 확인할 수 있는 서류 사본 | 1. 「전기안전관리법 시행규칙」 제18조제3항 본문에 따른 전기안전점검 확인서(「의료법 시행규칙」 제28조제2항의 경우에만 해당합니다)<br>2. 의료기관 개설허가증(보건의료자원 통합신고포털을 통해 변경신청하는 경우에는 생략할 수 있습니다) | 없음 (개설장소 이전 신고의 경우에는 지방자치단체 조례로 결정합니다) |

### 행정정보 공동이용 동의서

본인은 이 건 업무처리와 관련하여 담당 공무원이 「전자정부법」 제36조제1항에 따른 행정정보의 공동이용을 통하여 의료인 면허증, 전기안전점검 확인서 및 의료기관 개설허가증을 확인하는 것에 동의합니다.

# 2

# 사업자등록

## (1) 사업자등록이란?

사업자등록은 영리 사업을 하는 개인이 세무서에 사업장을 가지고 영업을 한다는 것을 신청하고 등록하는 절차이다. 이 사업자등록을 통해서 사업장에서 영리 목적의 사업을 영위할 수 있게 한다. 사업자등록신청은 관할 세무서에 제출하여 신청하고 처리 기간은 통상 5일 정도이다.

## (2) 사업자등록신청 시기는 언제인가?

사업자등록은 의료기관개설 신고증명서가 발행된 이후에 하는 것이 원칙이다. 하지만 실무에서 사업자등록을 의료기관개설신고를 완료한 이후에 하는 경우는 거의 없다.

의료기관개설신고는 인테리어가 끝날 무렵에 가능한데 통상 인테리어가 끝나는 시기는 개원에 임박한 시기라 인테이어 종료 후 1주일 이내에 개원하고 진료를 개시하는 경우가 많다. 헌데 이 시기에 사업자등록증을 발행받으면 지연된 사업자등록으로 인해 대출에 문제가 생길 수 있고, 업체로부터 제때 세금계산서도 받지 못하여 경비가 누락될 가능성이 있다.

또한 직원의 구인에 필요한 구인구직 사이트에서도 사업자등록을 필요로 하여 사업자등록증 발급 전까진 구인구직이 어렵고 환자들이 신용카드로 수납할 수 있도록 병원에서 카드 단말기 가맹계약을 해야 하는데 이 또한 사업자등록을 필요로 하므로 인테리어가 종료된 시점에 사업자등록을 한다면 개원 자체가 2~3주가량 지연될 가능성이 높다. 그러므로 개원 실무에서는 임대차계약서를 작성한 시점에 세무사와 상의하여 사업자등록을 진행하고 있다.


### (3) 사업자등록 시 필수서류는?


### 1) 신분증, 의사면허증, 전문의자격증


### 2) 임대차계약서

병의원을 개업하는 장소의 임대차계약서가 필요하다. 임대차계약서에는 임대인, 임차인의 이름과 주민등록번호를 반드시 기재 해야 하며, 임대차의 소유권자가 다수일 경우 임대차계약서에는 공동소유자 모두의 이름과 주민번호를 기재해야한다. 참고로 임대차계약서에 기재한 임대 개시일 이후부터 사업개시일을 정할 수 있다.


### 3) 의료기관개설 신고증명서

사업자등록 시 반드시 필요하나 실무적으로는 의료기관개설신고 전에 사업자등록을 진행하므로 사업자등록 진행 후 사후적으로 보완서류로 전달한다.


### 4) 동업계약서

공동사업을 하는 경우에는 동업계약서가 필요하다. 동업계약서에는 동업인의 인적사항 및 지분율을 기재해야 하며 인감도장을 각각 날인해야 한다. 그리고 사업자등록 서류 제출 시 인감증명서를 함께 제출해야 한다.

세무서에 방문하면 사업자등록신청서류가 있는데 작성하여 함께 제출해야 한다. 국세청 홈페이지에도 서류가 있으니 사전에 작성해 가는 것을 추천한다. 한편 세무서에 방문하여 사업자등록을 접수하는 경우 민원실에서 접수를 하게 되는데 민원실에서 사업자등록신청서 작성을 도움받기는 어렵다.

세무서 민원실은 업무시간 내에는 늘 붐비기 때문에 번호표를 뽑고 오랜 시간을 기다리는데 서류를 제대로 준비하지 않으면 민원실에서 접수 과정에서 반려당하여 접수 자체가 안 되는 경우가 많아 시간만 낭비하는 경우도 많으므로 유의해야 한다.

사업자등록신청의 경우 반드시 관할 세무서까지 찾아가서 신청할 필요 없이 가까운 세무서에서 접수를 하게 되면 관할 세무서로 서류를 전달해 주므로 굳이 개원지 세무서까지 찾아갈 필요는 없다.

또한 홈택스에서 온라인으로도 신청 가능하다.

### (4) 사업자등록신청 절차는 어떻게 되는가?

사업자등록은 세무서에 접수하면 관할 세무서의 사업자등록을 처리하는 담당 조사관에게 서류가 전달되고 담당자는 서류를 확인하고 특별한 문제가 없는 경우 사업자등록중을 발급해 준다.

다만 사업자등록 시 서류가 미비되는 경우 보완서류를 요청하거나 실제 사업장에 현지 방문을 통해서 확인을 하는 경우도 있다. 사업자등록에 관한 서류에 미비한 부분이 있거나 사업자 등록에 관한 요건을 충족하지 못하는 경우 사업자등록이 반려되는 경우도 있다.

사업자등록신청의 처리기간은 특별한 문제가 없는 경우 통상적으로 5일 이내이다. 다만 사업자등록중을 발급해 주더라도 사후 보완서류 요청을 충족하지 못하는 경우 세무서에서 사업자등록을 직권 취소하거나 직권 폐업을 하는 경우가 있을 수 있다. 따라서 사후 보완 자료를 요청받으면 즉시 전달하는 것이 좋다.

### (5) 사업자등록신청 시 정해야 하는 것은?

사업자등록신청을 하기 전에 납세자는 3가지를 정해야 한다.

다음의 3가지는 사업자등록신청 시 바로 정하여 신청해야 하고 일단 사업자등록증이 발급되고 나면 수정에 절차와 시간이 소요되기 때문에 신중하게 결정하여야 한다.

### 1) 미용 목적의 진료를 하는지 여부

병의원 사업은 성형, 피부 등 미용진료를 같이 하는 병원과 치료 목적의 진료를 보는 병원으로 나누어질 수 있다. 미용진료를 병행하는 병원을 개원할 목적이라면 일반 사업자로 치료목적의 진료만을 볼 경우는 면세사업자로 내야 한다.

사업자등록상 면세사업자에서 과세사업자로 혹은 과세사업자에서 면세사업자로의 변경은 폐업 후 재신청을 통해서만 가능하기 때문에 신중하게 결정하여야 한다.

### 2) 상호

상호는 사업자등록 시 미리 신청하게 되는데 의료기관개설신고 전에 신청하므로 보건소에서 상호를 사용할 수 없다는 것을 뒤늦게 알았을 때는 바로 변경이 불가하고 의료기관개설 신고증명서가 변경된 후에 상호 변경이 가능하기 때문에 상호를 미리 보건소의약과 개설신고담당자에게 확인하여 사용할 수 있는지 확인하고 신청하는 것이 좋다.

### 3) 개업연월일

개업연월일은 개업대출 중 신용보증기금 예비사업자 대출을 받는 경우 사업자등록증상의 개업연월일을 대출을 받게 되는 시기와 맞추어야 하기 때문에 반드시 대출시기와의 조율이 필요하다. 그러므로 개업연월일에 대해 대출 담당자와 협의를 하고 진행하는 것을 추천한다.

또한 개업연월일 이후에는 언제든 사업을 진행할 수 있지만 개업연월일 이전에는 정상적인 진료나 직원의 4대 보험 가입 등에 제한이 있거나 절차가 번거로워지기 때문에 이 개업연월일은 신중하게 정해야 한다.

### 1) 양도 양수 시 주의 사항

양도 양수의 방식으로 개원하는 경우 양수하는 원장의 입장에서는 사업자등록이 빨리 나오기를 희망하는데 실무상 진행하다 보면 양도하는 원장이 폐업하기 전에 양수하는 원장이 사업자등록을 하길 원하므로 일시적으로 2개의 병원 사업자가 존재해야 하지만 이는 원칙적으로는 불가능하다. 그러므로 양도 양수의 방식으로 개원하는 경우 양수하는 원장은 사업자등록신청 당시에 양수도 계약서를 첨부하는 것이 좋고, 양수도 일자에 맞게 양도하는 원장이 폐업신고를 해 주는 것이 좋다.

### 2) 건축물 준공 전인 경우

신축중인 건물은 준공 이후에 등기를 할 수 있기 때문에 준공이 늦어지는 경우 사업자 등록이 불가능한 경우가 있다. 이런 경우는 현재 건물이 건설되고 있는 자리의 가주소나 블록 주소 등으로 사업자등록을 진행할 수 있다.

임시주소로 발급한 사업자등록증을 활용해 대출, 구인 등 개원에 필요한 병원행정업무를 진행하고 준공 이후 확정된 주소로 임대차 계약서를 다시 작성하여 사업자등록 정정 신고를 통해 주소를 변경해야 한다.

### 3) 확정일자를 받으려면

병의원 임대차계약에 대한 보호 방편으로 확정일자를 신청하는데 확정일자는 사업자등록과 함께 신청하거나 사업자등록 후 개원하면서 진행하는 경우가 많다.

확정일자를 받게 되면 채권 순위를 확정짓게 되므로 확정일자 이후의 건물에 문제가 생겼을 때 후순위자보다 먼저 권리행사를 통해 보증금 등을 보호할 수 있다. 확정일자는 사업장 관할세무서에서만 가능하여 병원 소재지 관할 세무서에 방문하여 진행해야 한다.

필요서류는 다음과 같다.


▶ 임대차계약서 원본(사본이 아니라 원본을 필요함)

▶ 신분증

▶ 상가 도면(상가의 일부분만 사용하는 경우)


모든 상가가 다 확정일자 신청이 가능한 것이 아니다. 확정일자를 신청하려면 환산보증금이 상가임대차보호법에서 정한 기준에 충족하여야만 가능하다.


환산보증금은 월차임에 100을 곱한 금액과 보증금을 합한 금액인데 관리비는 포함하지 않는다. 이 환산보증금이 다음의 기준을 초과하지 않으면 확정일자를 받을 수 있다.


| 지역 | 환산보증금 |
| --- | --- |
| 서울특별시 | 9억 원 |
| 수도권 과밀억제권역, 부산광역시 | 6억 9천만 원 |
| 그 외 광역시, 세종특별시, 파주시, 화성시, 안산시, 용인시, 김포시 및 광주시 | 5억 4천만 원 |
| 그 밖의 지역 | 3억 7천만 원 |

## 4) 병원 외 건강기능식품, MSO, 센터 등을 동시에 개설하는 경우

병원을 운영하면서 숍인숍 형태로 사업자를 추가적으로 운영하는 경우가 가끔 생길 수 있다. 병원장이 직접 운영하지 않고 타인에게 부수적인 사업을 위탁하는 경우도 있는데 이 경우 건물주로부터 전대를 허용한다는 전대차동의서나 임대차계약서상에 동의 내용을 포함해야 한다.


따라서 임대차계약서를 작성할 당시 계약서에 전대를 동의한다는 문구를 넣고 계약하는 것을 추천한다.

■ 부가가치세법 시행규칙 [별지 제4호서식] <개정 2024. 3. 22.>

홈택스(www.hometax.go.kr)에서도
신청할 수 있습니다.

# 사업자등록 신청서(개인사업자용)
# (법인이 아닌 단체의 고유번호 신청서)

※ 사업자등록의 신청 내용은 영구히 관리되며, 납세 성실도를 검증하는 기초자료로 활용됩니다.
  아래 해당 사항을 사실대로 작성하시기 바라며, 신청서에 본인이 자필로 서명해 주시기 바랍니다.
※ [  ]에는 해당하는 곳에 √표를 합니다.

(앞쪽)

| 접수번호 | | 처리기간 | 2일(보정 기간은 불산입) |
|---|---|---|---|

## 1. 인적사항

| 상호(단체명) | | 연락처 | (사업장 전화번호) |
|---|---|---|---|
| 성명(대표자) | | | (주소지 전화번호) |
| 주민등록번호 | | | (휴대전화번호) |
| (단체)부동산등기용등록번호 | | | (FAX 번호) |

| 사업장(단체) 소재지 | | 층  호 |
|---|---|---|

| 사업장이 주소지인 경우 주소지 이전 시 사업장 소재지 자동 정정 신청 | ([  ]여, [  ]부) |
|---|---|

## 2. 사업장 현황

| 업 종 | 주업태 | | 주종목 | | 주생산<br>요소 | | 주업종 코드 | | 개업일 | 종업원 수 |
|---|---|---|---|---|---|---|---|---|---|---|
| | 부업태 | | 부종목 | | 부생산<br>요소 | | 부업종 코드 | | | |

| 사이버몰 명칭 | | 사이버몰 도메인 | |
|---|---|---|---|

| 사업장 구분 | 자가<br>면적 | 타가<br>면적 | 사업장을 빌려준 사람<br>(임대인) | | | 임대차 명세 | | | |
|---|---|---|---|---|---|---|---|---|---|
| | | | 성 명<br>(법인명) | 사업자<br>등록번호 | 주민(법인)<br>등록번호 | 임대차<br>계약기간 | (전세)<br>보증금 | 월세( 차임) | |
| | ㎡ | ㎡ | | | | . . ~ . . | 원 | 원 | |

| 허가 등<br>사업 여부 | [  ]신고      [  ]등록<br>[  ]허가      [  ]해당 없음 | 주류면허 | 면허번호 | 면허신청 |
|---|---|---|---|---|
| | | | | [  ]여 [  ]부 |

| 개별소비세<br>해당 여부 | [  ]제조      [  ]판매<br>[  ]입장      [  ]유흥 | 사업자 단위 과세<br>적용 신고 여부 | [  ]여      [  ]부 |
|---|---|---|---|

| 사업자금 명세<br>(전세보증금 포함) | 자기자금 | 원 | 타인자금 | 원 |
|---|---|---|---|---|

| 간이과세 적용<br>신고 여부 | [  ]여      [  ]부 | 간이과세 포기<br>신고 여부 | [  ]여      [  ]부 |
|---|---|---|---|

| 전자우편주소 | | 국세청이 제공하는<br>국세정보 수신동의 | [  ]문자(SMS) 수신에 동의함(선택)<br>[  ]전자우편 수신에 동의함(선택) |
|---|---|---|---|

| 그 밖의<br>신청사항 | 확정일자<br>신청 여부 | 공동사업자<br>신청 여부 | 사업장소 외<br>송달장소<br>신청 여부 | 양도자의 사업자등록번호<br>(사업양수의 경우에만 해당함) |
|---|---|---|---|---|
| | [  ]여 [  ]부 | [  ]여 [  ]부 | [  ]여 [  ]부 | |

| 신탁재산 여부 | [  ]여 [  ]부 | 신탁재산의 등기부상 소재지<br>또는 등록부상 등록지 | |
|---|---|---|---|

210mm×297mm[백상지(80g/㎡) 또는 중질지(80g/㎡)]

# 3

## 심평원 신고 및 지급계좌 신고방법

### (1) 요양기관번호 확정 및 지급계좌 신고

의료기관개설신고를 마치면 문자가 오는데 이는 심사평가원에 청구할 수 있는 요양기관번호를 확정하는 절차이다. 상기 문자의 의원 뒤에 괄호로 표시한 부분이 임시기호번호인데 이 번호를 통해서 지급계좌 신청을 완료하여 확정기호를 발급받는다.

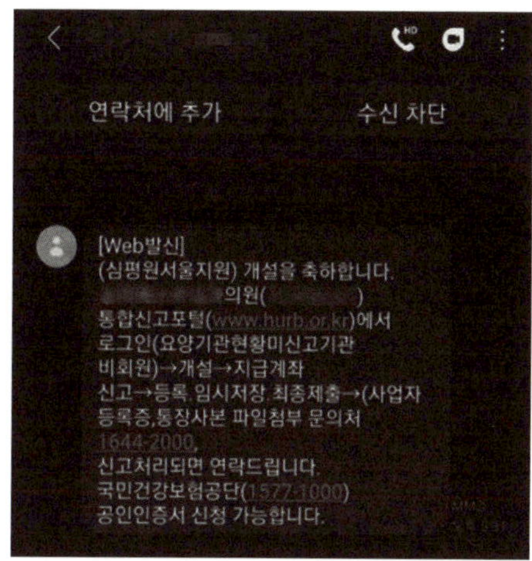


### (2) 신청 방법

보건의료자원통합신고포털(www.hurb.or. kr)에 요양기관 미신고기관으로 로그인하고 지급계좌 신고를 진행한다.

필요서류는 다음과 같다.

▶ 사업자등록증 사본

▶ 사업용 계좌 사본

이렇게 파일로 준비하여 신청과 동시에 함께 제출하며 지급계좌 신고의 처리기간은 대략만 하루이다.

### (3) 요양기관기호 확정 후 할 일

요양기관기호는 EMR(전자차트) 회사, 카드 단말기 회사, 요양기관 인증서를 발급하기 위한
용도로 사용한다.

# 4

# 건강보험공단 청구 인증서 발급

## (1) 건강보험공단 청구 인증서란?

심평원에 요양기관기호를 확정한 후 바로 준비해야 하는 단계가 건강보험공단 인증서를 발급 받는 절차이다. 건강보험공단 청구 인증서는 일반 금융 인증서와 달리 차트 프로그램에 연동하여 전산을 통한 온라인 청구 시 사용한다. 따라서 다른 금융 거래에 사용되지 않고 오로지 청구를 하거나 지급 받을 금액 등을 조회하는 용도의 인증서이다.

## (2) 인증서 발급 방법

인증서는 필요서류를 지참하여 가까운 건강보험공단 지사에 방문하면 발급받을 수 있다.

준비서류는 다음과 같다.

▶ 사업자등록증 사본
▶ 원장 신분증
▶ 요양기관기호(번호 기재)
▶ 인감도장

이렇게 준비하여 지사 방문하여 서류 작성 시 발급해 준다.

## (3) 인증서 발급 후 해야 할 일

인증서를 발급 받으면 건강보험공단과 심사평가원 사이트에 요양기관으로 가입한 후 인증서 등록을 해야 한다. 이후 EMR(차트) 회사에 연락하여 프로그램에 연동되도록 처리하면 차트를 통해 공단에 청구하는 업무를 수행할 수 있다.

# 5

# 카드 단말기 설치와 현금영수증 가맹점 가입

### (1) 카드 단말기 설치와 현금영수증 가맹점 가입이란?

카드 단말기는 환자로부터 신용카드로 진료비를 수납하기 위해 설치해야 하며 현금영수증 가맹점 가입은 의무사항이다. 환자로부터 진료비를 수납하기 위해 미리 준비해야 하는 필수 사항에 해당한다.

### (2) 카드 단말기 설치와 현금영수증 가맹점 가입하는 방법

카드 단말기 설치와 현금영수증 가맹점 가입은 카드 단말기 회사를 통해 대행 가능하므로 관련 사무는 통상 단말기 회사에서 위탁하여 진행한다.

여기서 중요한 점은 신청 시기이다. 최소 개원 1주일 전에는 신청하여야 한다. 그 이유는 카드 단말기를 설치하고 이 단말기가 정상적으로 모든 카드가 결제 가능하도록 하려면 카드 회사마다 가맹 번호를 받아야 하는데 그 시간이 1주일 정도 소요될 수 있기 때문이다.

한편 카드 단말기의 설치를 위해 요청하는 필수서류 중 하나가 의료기관개설 신고증명서인데 해당 절차가 완료되지 않은 상태라면 카드 단말기의 개통이 지연될 수 있으므로 유의하자.

카드 단말기 설치를 위해 필요한 서류는 다음과 같다.

"

▶ 사업자등록증 사본

▶ 원장 신분증

▶ 의사면허증 사본

▶ 의료기관개설 신고증명서 사본

▶ 카드매출 입금될 통장 사본(사업용 계좌)

보통 카드 단말기 업체에서 단말기를 설치하면 현금영수증 가맹점 가입을 같이 진행한다.

### (3) 양도 양수의 경우 카드 단말기 설치 문제

병원의 양도 양수하는 과정에서 양도한 원장이 폐업 후 일정 시간 경과 후에 양수한 원장이 개원한다면 시간적 여유가 있으나 일자를 특정한 뒤 바로 개원을 하는 경우 시간적 여유가 부족할 수밖에 없다.

이 경우 부득이하게 개원하고 2~3일 정도는 양도하는 원장 명의의 카드 단말기를 사용하고 사후 정산하는 경우가 있는데 이는 세금과 4대 보험 등에 영향을 미치므로 세무사와 상의 후 정산방식을 정해야 한다.

### (4) 불법 카드 단말기사에 관련한 최근 이슈

병원에서 사용되는 카드 단말기에 적용되는 일반적인 수수료는 1.5%~2%임에도 불구하고 사설 단말기를 병원에 설치하고 수수료를 7~8%로 책정하여 병원에는 고액의 수수료를 경비로 처리할 수 있게 해 주고 남은 일정 금액을 병원장 또는 병원장의 가족, 가족이 보유한 법인 등에게 불법 페이백을 한 사건이 문제가 된 바 있다.

국세청[15]은 이를 포착하여 불법 PG와 관련 브로커 그리고 가담한 병의원들에 대대적인 세

---

15)  국세청 보도자료(2023. 10. 30.)

무조사를 벌였으며 큰 금액이 추징되었으니 이러한 업체들과 계약을 해서는 안 된다.

## 2  미술품 렌탈 페이백 등 탈세 일삼은 코로나 호황 병·의원 및 가담 업체

□ **두 번째 유형**은 코로나19로 국가 전체가 어려움을 겪는 시기에 비대면 진료 등으로 호황을 누리고서 갖가지 지능적 방법을 활용하여 페이백 탈세를 일삼은 **코로나 호황 병·의원** 및 **탈세를 부추긴 가담 업체**입니다.

○ 불법 PG사 및 미술품 대여업체의 탈세 컨설팅 영업에 적극 동조하여 높은 결제대행수수료, 고가 미술품 렌탈비는 경비로 처리하고, 이 중 일부는 원장 가족이 현금으로 페이백 수취하였습니다.

# 검진기관신청

## (1) 검진기관신청이란?

검진을 하는 경우 의료 장비와 검진 인력을 신고하여 검진기관으로 지정받는 절차이다. 검진기관 신청은 일반검진, 암검진, 구강검진, 영유아 검진 네 가지로 나누어진다.

## (2) 검진기관신청하는 방법

검진기관신청 관련 사무는 건강보험공단에서 관할한다. 제출 서류나 필요서류는 본인의 검진 내용에 따라 달라지므로 그에 따라 서류를 구비하여 제출한다.

검진기관으로 지정받기 위해서는 인력 기준, 장비 기준, 시설 기준 세 가지를 충족해야 한다.

■ 건강검진기본법 시행규칙 [별표 1] <개정 2019. 9. 27.>

**일반검진기관 지정기준**(제4조제2항 관련)

| 신청자격 | 인력기준 | 시설기준 | 장비기준 |
|---|---|---|---|
| 가. 종합병원<br>나. 병원(요양병원을 포함한다. 이하 같다)<br>다. 의원<br>라. 보건소(보건의료원을 포함하며, 이하 "보건소"라 한다)<br>마. 의사를 두어 의과진료과목을 추가로 설치·운영하는 한방병원 및 치과병원 | 가. 의사: 연평균 일일 검진인원 25명당 1명을 두되, 끝수(연평균 일일 검진인원을 25로 나눈 나머지)가 있으면 1명을 추가한다.<br>나. 간호사(간호조무사를 포함한다. 이하 같다) 1명 이상<br>다. 임상병리사 1명 이상<br>※ 내원검진만 실시하는 의원은 연간 검진인원을 실진료일수로 나눈 검진인원(이하 "일일 평균 검진인원"이라 한다)이 15명 미만일 경우 임상병리사를 두지 않을 수 있다.<br>라. 방사선사 1명 이상<br>※ 내원검진만 실시하는 의원은 일일 평균 검진인원이 15명 미만일 경우 방사선사를 두지 않을 수 있다. | 가. 진찰실<br>나. 탈의실<br>다. 검진대기실<br>라. 임상검사(검체검사 및 진단의학검사를 포함한다)를 하는 시설<br>마. 방사선촬영실 | 가. 신장 및 체중계<br>나. 혈압계<br>다. 시력검사표<br>라. 청력계기<br>마. 원심분리기<br>바. 혈액학검사기기<br>사. 혈액화학분석기<br>아. 방사선촬영장치: 「진단용 방사선 발생장치의 안전관리에 관한 규칙」에 따른 검사·측정기관으로부터 검사기준에 적합한 것으로 판정된 장비로서 방사선직접촬영장치를 말한다. |

비고: 1. 보건복지부장관이 정하여 고시하는 건강검진을 하려는 의사는 보건복지부장관이 정하는 교육과정을 이수해야 한다.
　　　2. 내원검진만 실시하는 의원이 보건복지부장관이 정하는 바에 따라 검체검사에 관한 업무를 관련 전문기관에 위탁한 경우에는 시설기준의 라목, 장비기준의 바목 및 사목을 충족하지 못하더라도 일반검진기관으로 지정할 수 있다.
　　　3. 내원검진만 실시하는 의원이 「의료법」 제39조에 따라 장비를 공동으로 이용하는 경우에는 인력기준의 라목, 시설기준의 나목 및 마목, 장비기준의 아목을 충족하지 못하더라도 일반검진기관으로 지정할 수 있다.

■ 건강검진기본법 시행규칙 [별표 2] <개정 2019. 7. 1.>

## <u>암검진기관 지정기준</u>(제4조제2항 관련)

| 구 분 | 신청자격 | 인력기준 | 시설기준 | 장비기준 | 그 밖의 사항 |
|---|---|---|---|---|---|
| 위암 | 일반검진기관 | 가. 의사 1명<br>나. 간호사 1명<br>다. 방사선사 1명<br>(조영검사를 실시하는 기관만 해당한다) | 가. 내시경실<br>나. 회복실 | 가. 위내시경<br>나. 위장조영촬영기기(500㎃ 이상으로 위장조영검사를 실시하는 기관만 해당한다) | 조영촬영기기는 「진단용 방사선 발생장치의 안전관리에 관한 규칙」에 따라 검사기준에 적합한 것으로 판정된 장비여야 한다. |
| 대장암 | | | | 가. 대장내시경<br>나. 대장조영촬영기기(500㎃ 이상으로 대장조영검사를 실시하는 기관만 해당한다) | |
| 간암 | | | | 초음파영상진단기 | 초음파영상진단기는 식품의약품안전처장이 정하여 고시하는 「의료기기의 안전성시험 기준」에 따른 시험 방법 및 시험기준에 적합한 장비여야 한다. |
| 유방암 | 가. 일반검진기관<br>나. 종합병원<br>다. 병원<br>라. 의원<br>마. 보건소 | 가. 의사 1명<br>나. 간호사 1명<br>다. 방사선사 1명 | 가. 진찰실<br>나. 탈의실<br>다. 검진대기실<br>라. 방사선촬영실 | 유방촬영용장치<br>(Mammography unit) | 유방촬영기기는 「진단용 방사선 발생장치의 안전관리에 관한 규칙」 또는 「특수의료장비의 설치 및 운영에 관한 규칙」에 따라 검사기준에 적합한 것으로 판정된 장비여야 한다. |
| 자궁경부암 | 가. 일반검진기관<br>나. 산부인과 진료과목이 개설된 병원ㆍ의원(산부인과 전문의가 개설한 경우만 해당한다) | 가. 의사 1명<br>나. 간호사 1명 | 가. 진찰실<br>나. 탈의실 | 가. 산부인과용 진료대<br>나. 질경(speculum) | 산부인과용 진료대는 식품의약품안전처장이 정하여 고시하는 의료기기 중 A01010 장비여야 한다. |
| 폐암 | 일반검진기관(종합병원인 경우만 해당한다) | 가. 보건복지부장관이 정하는 폐암검진 교육과정을 이수한 의사 2명(영상의학과 전문의 1명을 포함한다)<br>나. 간호사 1명<br>다. 방사선사 1명 | 가. 진찰실<br>나. 탈의실<br>다. 방사선촬영실 | 전산화단층촬영장치(CT) | 1. 전산화단층촬영장치(CT)는 16열 이상의 장치로서 「진단용 방사선 발생장치의 안전관리에 관한 규칙」 또는 「특수의료장비의 설치 및 운영에 관한 규칙」에 따라 검사기준에 적합한 것으로 판정된 장비여야 한다.<br>2. 폐암검진기관으로 지정된 기관은 보건복지부의 「금연치료 건강보험 및 저소득층 지원사업」에 따른 금연치료지원 사업에 참여해야 한다. |

※ 비고
1. 일반검진기관이 지정을 신청한 경우에는 이 표에 따른 인력기준(방사선사와 폐암검진기관 의사에 관한 부분은 제외한다)을 적용하지 않는다.
2. 폐암검진기관 지정을 신청하는 의료기관의 영상의학과전문의가 「암검진실시기준」 별표 5에 따른 교육과정을 모두 이수하는 경우, 해당 영상의학과전문의 1명만으로도 이 표에 따른 인력기준을 충족하는 것으로 본다.

한편 검진기관의 인력에 대한 요건의 경우 직원이 4대 보험을 가입해야 하기 때문에 직원 구인 후 4대 보험에 가입을 하고 신청해야 한다.

서류 접수 후에는 현지 확인 등 검진기관에 적합한지 확인 후 문제가 없을 경우 7일 이내에 검진기관으로 지정해 준다.

[별지 제1호서식] <개정 2017. 2. 16.>

# 검진기관 지정신청서

※ [ ]에는 해당되는 곳에 √표를 합니다.

(앞 쪽)

| 접수번호 | | 접수일자 | | 처리기간 | 10일 |
|---|---|---|---|---|---|

| 신청인 | 의료기관명 | | | 요양기관 기호 | |
|---|---|---|---|---|---|
| | 개설자(대표자) | | | 생년월일 | |
| | | | | 면허번호 | |
| | 소재지 | | | | |
| | | (전화번호:　　　　　　　　　　) | | | |
| | | □□□ – □□□ (팩스번호:　　　　　　　　) | | | |

| 지정신청 내용 | [ ] 일반검진기관　　　[ ] 영유아검진기관　　　[ ] 구강검진기관 <br> [ ] 암검진기관 <br>　　( [ ] 위암　　[ ] 대장암　　[ ] 간암　　[ ] 유방암　　[ ] 자궁경부암 ) <br> [ ] 출장검진기관 <br>　　( [ ] 일반검진　[ ] 위암　[ ] 대장암　[ ] 간암　[ ] 유방암　[ ] 자궁경부암　[ ] 구강검진 ) |
|---|---|

「건강검진기본법」 제14조 및 같은 법 시행규칙 제5조제1항에 따라 검진기관 지정을 신청합니다.

년　　　월　　　일

신청인　　　　　　　　의료기관장(인)

## 국민건강보험공단 이사장　　귀하

| 신청인 제출서류 | 1. 검진 인력·시설 및 장비 현황 1부 <br> 2. 검진인력 자격과 채용관계 증명서류 1부 <br> 3. 진단용 방사선 발생장치 검사성적서, 방사선 방어시설 검사성적서, 진단용 방사선 발생장치 신고증명서 사본 각 1부(해당하는 기관만 제출합니다) <br> 4. 유방촬영기에 대한 특수의료장비 등록증명서 및 특수의료장비 품질관리 검사성적서 사본 각 1부(해당하는 기관만 제출합니다) <br> 5. 교육수료증(영유아검진기관, 일반검진기관 중 보건복지부장관이 정하여 고시하는 건강검진을 실시하는 기관 또는 구강검진기관의 지정을 신청하는 경우에만 제출합니다) <br> 6. 「여신전문금융업법」에 따른 시설대여업자와 체결한 자동차 시설대여 계약서 사본 및 자동차등록증 사본 각 1부(자동차를 대여하여 출장검진기관의 지정을 신청하는 경우만 제출합니다) | 수수료 <br><br> 없 음 |
|---|---|---|
| 담당 공무원 확인 사항 | 자동차등록증(출장검진기관의 지정을 신청하는 경우로서 자동차를 소유한 경우만 해당합니다) | |

### 행정정보 공동이용 동의서

본인은 이 건 업무처리와 관련하여 담당 공무원이 「전자정부법」 제36조에 따른 행정정보의 공동이용을 통하여 위의 담당 공무원 확인 사항을 확인하는 것에 동의합니다.　＊동의하지 않는 경우에는 신청인이 직접 관련 서류를 제출해야 합니다.

신청인

(서명 또는 인)

210mm×297mm[일반용지 70g/㎡(재활용품)]

# 검진 인력·시설 및 장비 현황

## 1. 지정신청 내용(해당 항목에 "○" 표)

| 구분 | 일반검진 | 암검진 | | | | | 영유아 검진 | 구강 |
|---|---|---|---|---|---|---|---|---|
| | | 위암 | 유방암 | 대장암 | 간암 | 자궁 경부암 | | |
| 내원 | | | | | | | | |
| 출장 | | | | | | | | |

## 2. 검진인력 및 원무행정요원(비상근 인력은 제외)

### 가. 현황

| 구 분 | 의 사 | | | | | | | | | | | 치과의사 | 간호사 | 간호조무사 | 치과위생사 | 임상병리사 | 방사선사 | 원무행정요원 |
|---|---|---|---|---|---|---|---|---|---|---|---|---|---|---|---|---|---|---|
| | 소계 | 일반의 | 전문의 | | | | | | | | | | | | | | | |
| | | | 내과 | 소아청소년과 | 일반외과 | 가정의학과 | 산부인과 | 산업의학과 | 진단검사의학과 | 영상의학과 | 병리과 | 기타 | | | | | | | |
| 전체 인력 | | | | | | | | | | | | | | | | | | |
| 검진담당 인력 | | | | | | | | | | | | | | | | | | |

※ 검진담당 인력: 전체 인력 중 검진전담 인력 수를 적고, 특히 검진담당 의사의 수는 검진기관의 검진 가능 인원을 결정하는 사항이므로 실제 검진을 전담하는 의사 수를 정확히 적습니다.
※ 원무행정요원은 검진을 담당할 수 없습니다.

### 나. 검진담당 인력 명단

| 구 분 | 성 명 | 주민등록번호 | 면허증 또는 자격증 | | 해당 기관 고용일 (건강보험 취득일) |
|---|---|---|---|---|---|
| | | | 종 별 | 번 호 | |
| | | | | | |

※ "구분"란에는 의사, 치과의사, 간호사, 간호조무사, 치과위생사, 임상병리사, 방사선사로 구분하여 순서대로 적되, 위 "가. 현황표"의 "검진담당 인력"란에 표기한 검진담당 인력 수에 해당하는 사람 전원을 적습니다.
※ 전문의는 의사면허증 및 전문의 자격증을 명시합니다.

## 3. 검진시설(해당 항목에 기재)

| 진찰실 | 검진대기실 | 탈의실 | 진단의학검사실 | 방사선촬영실 |
|---|---|---|---|---|
| ㎡ | ㎡ | ㎡ | ㎡ | ㎡ |

라. 구강검진기관 장비보유 현황

| 일련<br>번호 | 장 비 명 | 수량 | 모델명 | 제조<br>번호 | 제조<br>국명 | 제조<br>연도 | 구입<br>연도 | 비고 |
|---|---|---|---|---|---|---|---|---|
| 1 | 치과용 진료장치 및 의자 | | *** | *** | *** | | | |
| 2 | 고압멸균소독기 | | | | | | | |
| 3 | 치경 | | *** | *** | *** | | | |
| 4 | 탐침 | | *** | *** | *** | | | |
| 5 | 핀셋 | | *** | *** | *** | | | |
| 6 | 교육용 치아모형 세트 | | *** | *** | *** | | | |

※ "***" 부분은 적지 않습니다.

마. 출장검진 인력·장비·차량 현황(신청 내용에 따라 기재)

1) 출장검진 인력 현황 : 검진담당 인력과 동일

2) 출장검진 장비 현황

| 일련<br>번호 | 장 비 명 | 수량 | 모델명 | 제조<br>번호 | 제조<br>국명 | 제조<br>연도 | 구입<br>연도 | 비고<br>(차량번호) |
|---|---|---|---|---|---|---|---|---|
| 1 | 신장 및 체중계 | | | *** | *** | | | |
| 2 | 혈압계 | | | *** | *** | | | |
| 3 | 시력검사표 | | | *** | *** | | | |
| 4 | 청력계기 | | | *** | *** | | | |
| 5 | 원심분리기 | | | | | | | |
| 6 | 방사선직접촬영장치 | | | | | | | |
| 7 | 치경 | | | *** | *** | | | |
| 8 | 탐침 | | | *** | *** | | | |
| 9 | 핀셋 | | | *** | *** | | | |
| 10 | 라이트 | | | *** | *** | | | |
| 11 | 위장조영촬영기기 | | | | | | | |
| 12 | 유방촬영기기 | | | | | | | |
| 13 | 초음파영상진단기 | | | | | | | |
| 14 | 산부인과용 진료대 | | | *** | *** | | | |
| 15 | 질경 | | | *** | *** | | | |

※ "비고"란에는 장비가 탑재된 차량의 등록번호를 적습니다.

※ "***" 부분은 적지 않습니다.

## 4. 검진장비

### 가. 일반검진기관 장비보유 현황(해당 항목에 기재)

| 일련<br>번호 | 장 비 명 | 수량 | 모델명 | 제조<br>번호 | 제조<br>국명 | 제조<br>연도 | 구입<br>연도 | 비 고 |
|---|---|---|---|---|---|---|---|---|
| 1 | 신장 및 체중계 | | | *** | *** | | | |
| 2 | 혈압계 | | | *** | *** | | | |
| 3 | 시력검사표 | | | *** | *** | | | |
| 4 | 청력계기 | | | *** | *** | | | |
| 5 | 원심분리기 | | | | | | | |
| 6 | 혈액학검사기기 | | | | | | | |
| 7 | 혈액화학분석기 | | | | | | | |
| 8 | 방사선직접촬영장치 | | | | | | | |

※ 실제 검진에 사용되는 장비에 대해 적습니다.

※ 보건복지부장관이 정하여 고시하는 바에 따라 해당 혈액 검체검사를 위탁하는 경우에는 일련번호 6번 또는 7번 장비에 대해서는 적지 않아도 됩니다.

※ 방사선 장비를 공동으로 이용할 때에는 일련번호 8번 장비에 대해서는 적지 않아도 됩니다.

※ "***" 부분은 적지 않습니다.

### 나. 암검진기관 장비보유 현황(해당 항목에 기재)

| 일련<br>번호 | 장 비 명 | 수량 | 모델명 | 제조<br>번호 | 제조<br>국명 | 제조<br>연도 | 구입<br>연도 | 비고 |
|---|---|---|---|---|---|---|---|---|
| 1 | 위내시경 | | | *** | | | | |
| 2 | 위장조영촬영기기 | | | | | | | |
| 3 | 유방촬영기기 | | | | | | | |
| 4 | 대장내시경 | | | *** | | | | |
| 5 | 대장조영촬영기기 | | | | | | | |
| 6 | 초음파영상진단기 | | | | | | | |
| 7 | 산부인과용 진료대 | | | *** | | | | |
| 8 | 질경 | | | *** | *** | | | |

※ "***" 부분은 적지 않습니다.

### 다. 영유아검진기관 장비보유 현황

| 일련<br>번호 | 장 비 명 | 수량 | 모델명 | 제조연도 | 구입연도 | 비고 |
|---|---|---|---|---|---|---|
| 1 | 신장계 | | | | | - |
| 2 | 영아용 신장계 | | | | | - |
| 3 | 체중계 | | | | | - |
| 4 | 영아용 체중계 | | | | | - |
| 5 | 시력검사표(그림) | | | | | - |
| 6 | 시력검사표(숫자) | | | | | - |
| 7 | 발달선별검사 도구 | | | | | ☐ K-ASQ<br>☐ Denver-II |

# V

# 매출과 관련하여 개원 초기에 자주 하는 질문

# 진료행위 중 부가가치세가 과세되는 항목

부가가치세가 면세되는 사업만을 영위하는 경우는 면세사업자로 등록 가능하고 부가가치세 면세사업과 과세사업을 함께하거나 부가가치세 과세사업만을 영위하는 경우 일반 과세사업자로 분류한다.

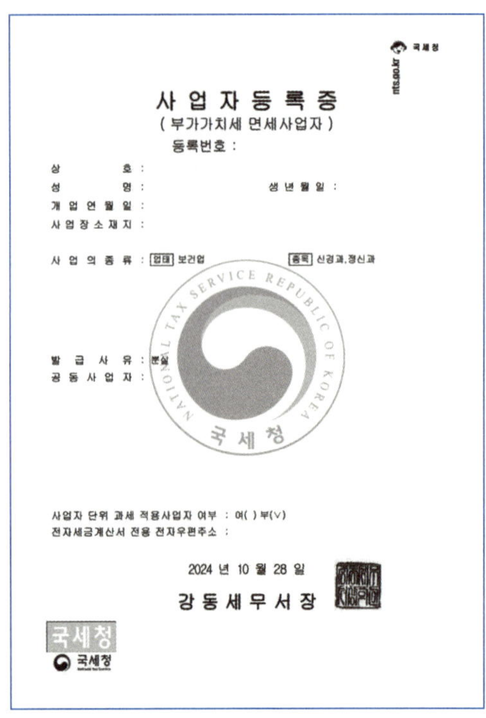

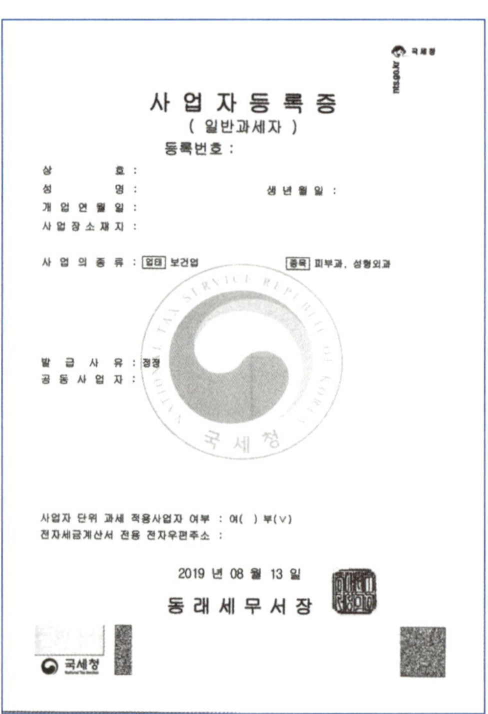

부가가치세는 제품이나 서비스의 부가가치에 대해 과세되는 세금으로 일반적인 사업자라

면 본인의 사업에서 제공되는 제품이나 서비스의 가격에 10%를 가산하여 소비자판매가격을 결정하고 소비자에게 10%의 세금을 징수해야 한다.

다만, 국가에서는 정책적인 목적으로 일부 제품 또는 서비스에 부가가치세를 징수하지 않는데 대표적인 것이 의사들이 제공하는 의료보건 서비스이다. 참고로 의료보건 서비스에 부가가치세를 과세하지 않는 이유는 의료보건 서비스에 부가가치세 10%가 가산되는 경우 수가가 10% 인상되는 효과가 발생하므로 부가가치세로 인한 환자의 의료비 부담이 늘어나는 것을 방지하기 위함이다.

원래는 모든 진료과목이 면세였으나 2010년 12월 30일에 세법을 개정하여 치료 목적의 진료행위에 대해서는 면세를 유지하지만 미용 목적의 진료행위에 대해서는 부가가치세를 환자로부터 징수하도록 정하였다. 이에 미용 목적의 진료를 하는지 여부에 따라 사업자의 형태가 달라진다.

부가가치세법에서 규정하는 미용 목적의 진료행위는 다음과 같다.

① 쌍꺼풀수술, 코성형수술, 유방확대 · 축소술(유방암 수술에 따른 유방 재건술은 제외한다), 지방흡인술, 주름살제거술, 안면윤곽술, 치아성형(치아미백, 라미네이트와 잇몸성형술을 말한다) 등 성형수술(성형수술로 인한 후유증 치료, 선천성 기형의 재건수술과 종양 제거에 따른 재건수술은 제외한다)과 악안면 교정술(치아교정치료가 선행되는 악안면 교정술은 제외한다)

② 색소모반 · 주근깨 · 흑색점 · 기미 치료술, 여드름 치료술, 제모술, 탈모치료술, 모발이식술, 문신술 및 문신제거술, 피어싱, 지방융해술, 피부재생술, 피부미백술, 항노화치료술 및 모공축소술

이미 개원을 하고 난 다음에 사업자등록을 면세에서 과세로 변경한다거나 과세에서 면세로 변경하는 것은 번거로우므로 본인의 진료행위가 미용 목적인지 불분명한 경우 개원 전에 세무사와 상의해야 한다.



**Q.** 면세 매출이 거의 없을 것 같은데 면세 사업자와 과세 사업자 중 어느 쪽이 유리한가?

**A.** 면세 사업자인지 과세 사업자인지에 따라서 사업자에게 유리하거나 불리한 사항은 없다. 실무적으로 과세 사업자는 반기별로 2번의 부가가치세 신고를 하는 반면 면세사업자는 1번의 면세사업자현황신고를 하게 되는 차이점이 있다. 100% 면세 매출만 존재하는 것이 아닌 이상 과세 매출을 신고해야 하는 것은 의무이므로 과세 사업자로 사업자 등록을 해야 한다.

**Q.** 비급여진료는 모두 과세진료인가?

**A.** 비급여진료라고 전부 부가가치세 과세진료는 아니다.

비급여는 미용 목적의 과세 비급여 진료와 치료 목적의 면세 비급여 진료로 나누어진다. 비급여라고 해서 모두 과세 대상은 아니며 해당 진료가 미용 목적인지 치료 목적인지에 따라 다르다. 예를 들어 초음파나 도수치료는 비급여지만 부가가치세가 과세되지 않는다.

**Q.** 미용 목적의 진료와 치료 목적의 진료를 동시에 하는 경우 매출 관리 방법은?

**A.** 이러한 경우 매출을 구분하여 정리해야 한다. 차트로 구분이 가능하면 면세 매출과 과세 매출을 구분하여 두고, 차트로 구분을 두기 어려울 경우 내부에 일일 장부를 두어 매출 금액을 정리해 두는 것이 좋다. 또한 카드 단말기를 과세 단말기와 면세 단말기 따로 두어 환자에게 받는 수납 금액을 과세, 면세 따로 결제하여 구분해 두는 것이 좋다. 이렇게 할 경우 과면세 매출에 대한 구분이 정확하게 관리가 되기 때문에 부가가치세 신고 시 정확한 매출의 구분을 할 수 있다.

# 2

# 미수금과 진료비 할인에 대한 처리

미수금은 진료는 끝났는데 환자로부터 수납하지 않는 경우 발생하며 돈을 받지 못했다고 하더라도 매출신고는 해야 한다. 즉 환자가 진료비를 수납하지 않거나 과소하게 수납하고 가더라도 병원 매출로 신고해야 한다.

이러한 미수금은 계속적으로 관리하되 일정 요건이 지나서 받지 못할 것이 확정되면 경비로 처리하도록 규정하고 있다. 대표적인 예로 회수기일이 6개월 이상 지난 채권 중 채권가액 30만 원 이하의 경우 대손상각을 통해 경비처리 가능하도록 하는 규정이 있다. 그러므로 미수가 자주 발생하는 경우라면 세무사와 상의해야 한다.

한편 본인부담금 할인을 많이 하는 경우 의료법 위반 행위 중 환자 유인행위 등에 해당하여 고발 조치를 당하거나 과태료 등의 처분을 받을 수 있으므로 주의가 필요하다.

**유사한 질문**

**Q.** 직원이나 가족에게 할인하는 경우?

**A.** 병원을 운영하다가 보면 임직원에게 할인해 주는 금액이 생길 수가 있다. 이런 경우 할인한 금액이 아니라 할인하기 이전의 진료비를 매출로 신고해야 하며 직원의 경우 할인한 금액만큼을 본인의 급여에 포함해야 한다. 병원장의 가족들 또한 진료비를 할인했다 하더라도 할인되기 이전의 진료비를 매출로 신고해야 한다.

**Q.** 불특정 다수의 환자에게 할인하는 경우?

**A.** 불특정 다수의 환자에게 개원 행사 등을 목적으로 병원비를 할인해 주는 경우가 있다. 병원의 임직원이거나 병원장의 가족이 아닌 병원과 아무런 관계가 없는 불특정 다수의 환자들에게 할인하는 경우에는 매출에서 차감할 수 있다. 다만 진료비 할인은 의료법의 영향을 받기에 행사를 하기 이전 변호사를 통한 법률검토가 필요하다.

**Q.** 특정 환자에게 할인하는 경우?

**A.** 불특정 다수의 환자가 아니라 환자를 특정하여 진료비를 경감하는 경우는 특정인에게 거래관계 유지를 위한 목적으로 보아 기업업무 추진비로 처리하도록 한다. 즉 경비로 처리는 가능하되 한도가 있는 기업업무 추진비 항목으로 경비처리 범위를 제한하고 있다.

# 3

# 사업용 계좌 관리 방법

    실무에서 개원의들은 수입계좌와 지출계좌 두 가지 계좌를 구분하여 사용하는 경우가 많다. 수입계좌는 병원의 매출을 입금하는 계좌로 공단 청구분 매출, 카드매출, 현금 매출을 입금하는 계좌이다. 지출계좌는 인건비, 카드비, 의약품 대금, 임차료 등 병원관련 경비를 지출하는 계좌이다.

    계좌를 구분하면 수입내역과 지출내역을 일목요연하게 확인할 수 있고 계좌를 조회만 해도 매월 수입과 지출을 확인할 수 있다. 계좌를 구분하지 않고 사용하는 원장은 계좌사용방식에 일관성이 없어 개원 후 시간이 흐르더라도 본인의 수입과 지출을 정확히 인지하지 못하는 경우가 많다.

    한편 사업용으로 사용되는 계좌는 국세청에 사업용 계좌로 신고해야 하는데 병의원의 경우 전문직 업종으로 수입금액에 관계없이 반드시 사업용 계좌를 신고 해야 한다. 사업용 계좌는 국세청 홈택스에서 신고하거나 세무서에 직접 방문하여 신고 가능하다.

    사업용 계좌 신고는 개원을 하는 다음 해 6월 말일까지 신고해야 한다.

# 4

# 현금영수증

    병의원은 현금영수증 의무발행 업종에 해당한다. 특히 진료비가 10만 원이 넘는 경우 본인부담금을 현금으로 수령하게 되면 반드시 현금영수증을 발행하여야 한다. 여기서 중요한 점은 본인부담금만 10만 원이 넘어야 의무발행 대상이 되는 것이 아니며 본인부담금과 공단부담금을 합친 총 진료비가 10만 원이 넘으면 의무발행 대상에 해당한다. 그중 본인부담금에 대해서 현금영수증을 발행하는 것이다.

    만약 의무발행을 하지 않았을 경우 적발 시 전체 금액의 20%가 가산세로 부과될 수 있다. 환자가 현금영수증 발급을 원하지 않는다면 국세청 번호(010-000-1234)로 자진 발행해야 한다.

    이런 현금영수증 발행에 대한 관리는 한번에 몰아서 하면 관리가 어려우므로 매일 진료를 마감하면서 차트에서 표시되는 현금수납금과 일별 발행한 현금영수증 내역을 확인하는 습관을 가지는 것을 추천한다.

## 유사한 질문

**Q.** 깜빡하고 현금영수증을 발행하지 않은 경우에는 어떻게 해야 하나?

**A.** 원칙적으로 현금영수증은 당일 즉시 발행하여야 하지만 최대 5일 이내에 발행하면 가산세 없이 발행 가능하다. 7일 이내 발행 시 가산세를 50% 감경한다. 이 시기마저 지나면 미발행으로 보아 20%의 가산세가 발생한다.

# 진료비 환불의 경우 처리 방법

환자로부터 진료비 환불이 발생하는 경우 당초 환자가 카드로 결제하였으면 카드를 취소하는 방법으로 처리해야 하고 현금을 수령하고 현금영수증을 발행해 주었다면 현금을 돌려주고 현금영수증을 취소하는 방법으로 처리해야 한다.

현금영수증은 발행한 단말기를 통해 취소하거나 국세청 ARS를 통해 취소할 수 있다. 간혹 1년 또는 2년이 경과하여 환자가 환불을 요구하는 경우가 있는데 환불을 결정하게 되면 원칙적으로는 합의서 등을 작성하고 계좌이체로 환불을 하여 증빙을 갖추고 사업용 비용으로 처리하는 방식으로 처리할 수 있다.

공단청구금의 삭감이 발생하는 경우는 청구하는 금액보다 심사 후 지급하는 금액을 삭감하는 것이므로 실제 매출이 줄어든 것으로 보아 매출에 감하여 처리하는 방식으로 신고한다.

**유사한 질문**

**Q.** 환자들이 수납하고 간 신용카드매출전표는 보관해야 하나?

**A.** 환자가 카드로 결제한 후 나오는 영수증은 모아서 날짜별로 보관하는 것이 좋다. 왜냐하면 가까운 시일 내로 환불을 요청하는 환자가 올 경우 전표에 기재한 승인 번호 등을 통해서 취소가 가능하기 때문이다. 따라서 짧게는 6개월 치 정도를 보관하고 길게는 1년 치 정도를 보관하는 것을 추천한다.

# 합 의 서

「갑」　주 소 :
　　　성 명 :
　　　주민등록번호 :


「을」　주 소 :
　　　성 명 :
　　　주민등록번호 :



상기 「갑」은　　　년　월　일　시　분경　　　　　　　에서 입은 피해에 대하여 합의금으로 금　　　　　　　원 (₩　　　　　　)을 확실히 수령하고 상호 원만히 합의 하였으므로 이후 이에 대한 일체의 권리를 포기하며, 향후 본건과 관련하여 이의를 제기하지 않을 것을 서약합니다.


20　　년　월　일


　　　　　　　「갑」　　　　　㊞

　　　　　　　「을」　　　　　㊞

# 합의서

본원에서 시술 이후 분쟁이 발생하여 아래 사항으로 합의를 하였음.

[피의자] 주소 :

　　　　성명 :

[피해자]주소 :

　　　　성명 :

-합의내용-

1. 피해자는　　　년　월　일　　　　　　　　　　　절제술을 시행함.

2. 수술 후 인두 불편감, 연하곤란 및 미각 저하 증상을 보임. 수술을 시행한 의사로서 피의자는 도의적 책임을 느껴 그 의무를 다하고자　　만원의 합의금을 지급함.

3. 이후 치료비, 피해보상 및 위자료 문제, 또한 처벌을 원치 않기로 하고, 이 건에 대하여 차후로 민형사상 이의를 제기하지 않기로 합의하였기에 이 합의서를 작성함.

4. 추후 연하곤란 및 미각이 정상적으로 회복되어도 이에 대해서 피의자는 합의를 깨고 합의금을 다시 돌려 받지 않을 것을 약속함.

　　　　　　　　년　월　일

피해자 성명:

피의자 성명 :

# VI

# 경비와 관련하여 개원 초기에 자주 하는 질문

# 보증금 성격 지출의 경비처리 여부

경비처리를 위해서는 크게 두 가지 기준을 볼 수 있다. 첫 번째는 사업 관련성 여부이고 두 번째는 소멸성 지출인지 여부이다. 사업 관련성은 병원의 사업에 직접적인 관련성이 있는지 판단하는 것이고 소멸성 지출인지 여부는 지출한 자금을 추후 회수하는지 지출하고 소멸하는지 여부를 의미한다.

보증금의 경우 사업에 직접 관련이 있으므로 사업 관련성은 성립하지만 임대차계약이 종료되면 회수하므로 소멸성이 성립하지 않는다. 즉 원장이 돌려받을 채권이므로 지출 후 소멸하는 경비가 아니라 병원의 자산이다. 반면 월 임차료의 경우 사업 관련성이 성립하고 추후 회수하지 못하고 소멸하므로 경비가 되는 것이다.

### 유사한 질문

Q. 부동산 중개수수료는 경비처리 가능한가?

A. 병원의 입지 결정단계에서 지출하는 부동산 중개수수료의 경우에도 사업 관련성이 성립하고 추후 회수하지 못하고 소멸하므로 경비에 해당한다. 한편 부가가치세를 아끼거나 할인을 받기 위해 세금계산서 없이 무자료 현금거래를 하는 경우가 있는데, 부가가치세가 아깝더라도 가능하면 부가가치세를 지불하고 세금계산서를 수취하는 것이 절세의 기본이다.

본인이 거주하는 집을 이사할 때 중개수수료나 이사비용을 경비처리할 수는 없느냐고 묻는 경우도 있는데, 이는 사업과 관련 없는 지출임이 명확하므로 경비처리 대상이 아니다. 하지만 주택의 구매 시 발생한 부동산 중개 수수료는 추후에 주택 양도 시 필요경비로 인정받을 수 있으므로 증빙을 챙겨 놓는 게 좋다.

**Q.** 개원 시 빌린 5억 원의 원금상환도 경비처리 가능한가?

**A.** 대출금은 병원 운영을 위해 쓰이며 해당 자금을 병원자산 구입에 사용하면 해당 대출금에 대한 이자는 한도 내에서 경비처리 가능하지만, 대출금 자체의 상환은 빌린 자금의 원금을 갚는 행위이기에 경비처리는 불가능하다.

**Q.** 보험설계사가 개인 종신보험을 권고하는데 경비처리 가능한가?

**A.** 사업과 무관한 보험료이기에 경비처리 대상이 아니다.

**Q.** 병원화재보험을 드는데 추후 90% 환급형 보험도 전부 경비처리 가능한가?

**A.** 병원화재보험이면 소멸성은 보험은 경비처리하지만, 일부 환급형이라면 환급받을 금액은 일종의 예·적금의 성격이므로 경비처리하지 않는 병원의 자산이다.

# 2

# 세금계산서(계산서) 관리 방법

세금계산서는 거래 상대방이 과세사업자인 경우 발급하는 영수증이고, 계산서는 거래 상대 상대방이 면세사업자인 경우 발급하는 영수증이다. 병의원 사업자의 경우 일부 업종을 제외하고는 거래 상대방이 대부분 과세사업자이다.

세금계산서(또는 계산서)는 병원에 대금을 지급받은 상대방 업체에서 재화와 용역의 공급시기가 도래하면 발급하는 것이 원칙으로 통상 거래가 있었던 달의 다음 달 10일까지 발급하는 것이 원칙이다. 한편 할부 또는 조건부로 용역을 공급하기로 한 경우에는 대가의 각 부분을 받기로 한 때를 용역의 공급시기로 본다.

개원과정에서는 인테리어나 장비 등 큰 규모의 지출이 발생하는 경우 통상 잔금을 치르면 전체 금액에 대한 세금계산서를 한 번에 받는 것이 일반적이다. 세금계산서 발급의무는 1차적으로 업체에게 있으니 병원에서 세금계산서 발행 실무에 관하여 상세하게 알고 있을 필요는 없어 관련 법령은 하단 각주[16]로 별도 첨부한다.

---

16) 부가가치세법 제32조【세금계산서 등】

　① 사업자가 재화 또는 용역을 공급(부가가치세가 면제되는 재화 또는 용역의 공급은 제외한다)하는 경우에는 다음 각 호의 사항을 적은 계산서(이하 "세금계산서"라 한다)를 그 공급을 받는 자에게 발급하여야 한다.

　　1. 공급하는 사업자의 등록번호와 성명 또는 명칭

　　2. 공급받는 자의 등록번호. 다만, 공급받는 자가 사업자가 아니거나 등록한 사업자가 아닌 경우에는 대통령령으로 정하는 고유번호 또는 공급받는 자의 주민등록번호

　　3. 공급가액과 부가가치세액

　　4. 작성 연월일

　　5. 그 밖에 대통령령으로 정하는 사항

**Q.** 업체가 세금계산서 발급 없이 거래하자고 하는 경우?

**A.** 세금계산서 발급 없는 거래는 하지 않는 것을 추천한다. 하지만 거래 상대방의 상황에 따라 부득이하게 이러한 거래를 할 수밖에 없는 경우에는 다음과 같은 방법으로 추후 경비인정을 받을 수밖에 없다.

(1) 해당 거래에 관한 계약서 보관

(2) 해당 거래에 관한 견적서나 거래명세서 보관

(3) 해당 거래에 관한 계좌이체기록 구비

이 3가지의 구비사항 중 계약서만 보관하고 있다거나 계좌이체 내역만 있다거나 하는 것이 아니라 모두 준비해야 하며, 이 경우 증빙불비에 관한 가산세가 발생할 수 있으나 경비로는 인정받을 수 있다. 다만 이러한 형태로 경비처리하는 것은 세금계산서, 현금영

---

② 법인사업자와 대통령령으로 정하는 개인사업자는 제1항에 따라 세금계산서를 발급하려면 대통령령으로 정하는 전자적 방법으로 세금계산서(이하 "전자세금계산서"라 한다)를 발급하여야 한다.

(생략)

⑦ 세금계산서 또는 전자세금계산서의 기재사항을 착오로 잘못 적거나 세금계산서 또는 전자세금계산서를 발급한 후 그 기재사항에 관하여 대통령령으로 정하는 사유가 발생하면 대통령령으로 정하는 바에 따라 수정한 세금계산서(이하 "수정세금계산서"라 한다) 또는 수정한 전자세금계산서(이하 "수정전자세금계산서"라 한다)를 발급할 수 있다.

부가가치세법 시행령 제67조【세금계산서】

① 법 제32조 제1항 제2호 단서에서 "대통령령으로 정하는 고유번호"란 제12조 제2항에 따라 부여받는 고유번호를 말한다.

② 법 제32조 제1항 제5호에 따라 세금계산서에 적을 그 밖의 사항은 다음 각 호와 같다.

　1. 공급하는 자의 주소

　2. 공급받는 자의 상호·성명·주소

　3. 공급하는 자와 공급받는 자의 업태와 종목

　4. 공급품목

　5. 단가와 수량

　6. 공급 연월일

　7. 거래의 종류

　8. 사업자 단위 과세 사업자의 경우 실제로 재화 또는 용역을 공급하거나 공급받는 종된 사업장의 소재지 및 상호

③ 사업자는 제73조 제5항에 따라 세금계산서를 발급하는 경우 비고란에 영수증 취소분이라고 적어야 한다.

④ 사업자는 법 제32조 제1항 제1호부터 제4호까지의 기재사항과 그 밖에 필요하다고 인정되는 사항 및 국세청장에게 신고한 계산서임을 적은 계산서를 국세청장에게 신고한 후 발급할 수 있다.

⑤ 제1항부터 제4항까지에서 규정한 사항 외에 세금계산서의 발급절차 및 보관요건, 신청절차, 제출형식 등에 관하여 필요한 사항은 국세청장이 정한다.

수증, 신용카드매출전표 등 세법에서 인정하는 적격증빙에 해당하지 않고 국세청의 전
산에서 수집되는 항목이 아니므로 금액이 크고 건수가 많아질수록 국세청의 세무조사
에 선정될 가능성이 높아 부득이한 경우에만 이런 방식으로 처리할 것을 권한다.

**Q.** 거래 당시 10%의 부가가치세를 주지 않고 세금계산서 없이 거래하는 것이 유리한지?

**A.** 세금계산서 발급 없는 거래는 하지 않는 것을 추천한다. 세금계산서를 받지 않고 언급한
방식으로 입증하여 경비처리하는 금액이 많을수록 세무조사에 관한 리스크가 커지기
때문에 합법적으로 지출한 경비에 관해서는 세금계산서를 수취하여 리스크 없이 경비
를 인정받을 수 있도록 해야 한다.

한편 세금계산서를 받지 않고 경비처리도 안 하는 경우를 고려해 볼 수 있는데 개인사업자
는 세전 연간순이익[17]이 8,800만 원이 넘어가면 소득세 35% + 지방세 3.5%를 적용받고, 세전
연간순이익이 1.5억 넘어가면 38% + 3.8% 구간의 세율을 적용받는다. 즉, 첫 달부터는 아닐
지라도 계절이 한 번 바뀌는 정도의 기간 동안 병원경영을 한다면 대부분의 병원은 대략 40%
정도의 세율이 적용되는 경우가 대다수다.

지출에 관하여 합법적으로 경비처리하는 경우 40%의 절세효과가 있음에도 10%를 아끼려
고 세금계산서 없이 거래하는 것은 명백한 손해이므로 권하지 않는다.

**Q.** 업체가 세금계산서를 발급을 거부하는 경우?

**A.** 과세 당국에서도 세금계산서를 발행해야 할 주체가 모든 금액을 다 수령하고도 세금계
산서를 발행하지 않는 경우를 대비하여 매입자발행 세금계산서제도[18]를 두고 있다. 신

---

17) 정확하게는 각종 소득공제 등 반영 후 '과세표준' 기준이지만 이해하기 쉽게 순이익이라고 표현.

18) 부가가치세법 제34조의 2【매입자발행세금계산서에 따른 매입세액 공제 특례】

① 제32조에도 불구하고 납세의무자로 등록한 사업자로서 대통령령으로 정하는 사업자(이하 이 항에서 "사업자"라 한다)가 재
화 또는 용역을 공급하고 제34조에 따른 세금계산서 발급 시기에 세금계산서를 발급하지 아니한 경우(사업자의 부도·폐
업, 공급 계약의 해제·변경 또는 그 밖에 대통령령으로 정하는 사유가 발생한 경우로서 사업자가 수정세금계산서 또는 수
정전자세금계산서를 발급하지 아니한 경우를 포함한다) 그 재화 또는 용역을 공급받은 자는 대통령령으로 정하는 바에 따

청방법과 주의점은 다음과 같다.


● 신청방법

매입자가 공급시기가 속하는 과세기간의 종료일부터 6개월 이내에 '거래사실확인 신청

서'를 세무서에 직접 서면 제출하는 방법과 홈택스에서 신청하는 방법이 있다.


● 주의

(1) 거래건당 5만 원 이상인 거래

(2) 공급시기가 속하는 과세기간 종료일부터 6개월 이내에 신청가능

(3) 거래사실을 입증하는 자료 필요(영수증, 거래명세서, 송금확인 등)

(4) 공급자가 세금계산서 발행 가능한 사업자


● 인터넷 홈택스 신청방법

(1) 홈택스 공인인증서 로그인 후 증명등록신청 클릭

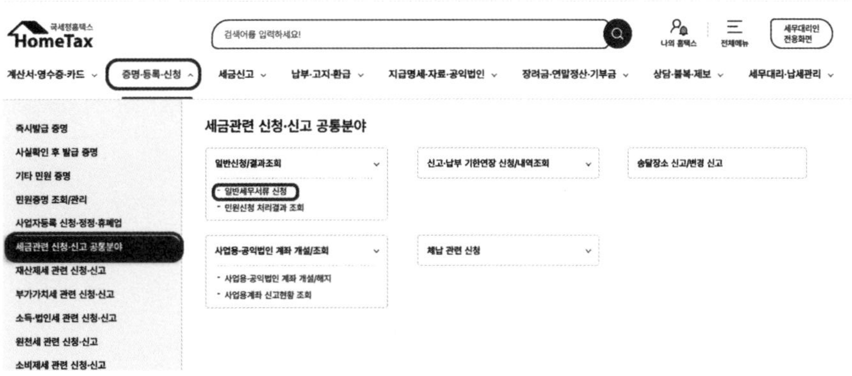

---

라 관할 세무서장의 확인을 받아 세금계산서를 발행할 수 있다.

② 제1항에 따른 세금계산서(이하 "매입자발행세금계산서"라 한다)에 기재된 부가가치세액은 대통령령으로 정하는 바에 따라 제37조, 제38조 및 제63조 제3항에 따른 공제를 받을 수 있는 매입세액으로 본다.

③ 제1항 및 제2항에서 정한 사항 외에 매입자발행세금계산서의 발급 대상 및 방법, 그 밖에 필요한 사항은 대통령령으로 정한다.

(2) 일반세무서류 신청 클릭 → 민원명 찾기 → 매입자발생세금계산서 조회하기

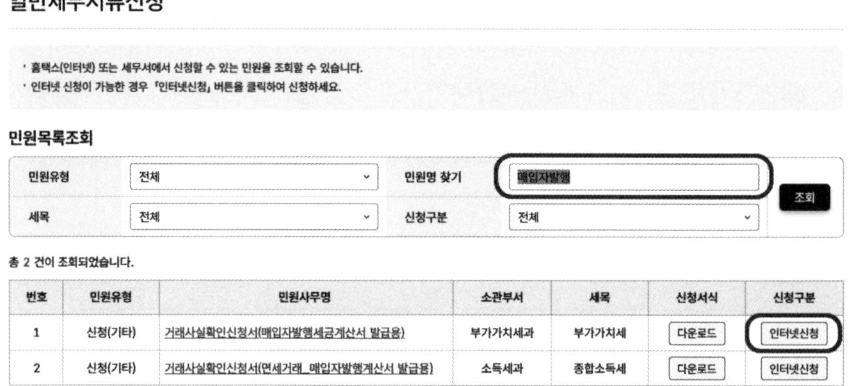


| 번호 | 민원유형 | 민원사무명 | 소관부서 | 세목 | 신청서식 | 신청구분 |
|---|---|---|---|---|---|---|
| 1 | 신청(기타) | 거래사실확인신청서(매입자발행세금계산서 발급용) | 부가가치세과 | 부가가치세 | 다운로드 | 인터넷신청 |
| 2 | 신청(기타) | 거래사실확인신청서(면세거래_매입자발행계산서 발급용) | 소득세과 | 종합소득세 | 다운로드 | 인터넷신청 |

(3) 인터넷 신청하기 클릭 → 거래사실확인신청서 작성 후 첨부서류 업로드(첨부서류로
이체내역, 계약서, 거래명세서 등 첨부)

〈매출세금계산서(계산서)를 발급하는 특수한 경우〉

병원이 주변 회사와 진료 협약을 맺어서 단체 검진을 하거나 기존에 사용하던 장비를 다른 병원에 매각하는 경우를 제외하고 환자를 대상으로 하는 의료업의 특성상 병원이 세금계산서를 발급하는 경우는 흔하지 않다. 이러한 상황이 발생하는 경우 대부분의 병의원은 전자 세금계산서 또는 전자계산서를 의무 발급해야하는 대상이 되므로 발급하는 경우 전산을 통해 발행해야 한다.

1) 전자(세금)계산서 발급의무자

직전 과세기간의 총수입금액 8천만 원 이상인 사업자

2) 필요적 기재사항

   - 사업자등록번호

   - 대표자 성명

   - 상호

   - 작성일자

   - 공급대가

발행 시기는 공급일이 속하는 달의 다음 달 10일까지이다. 특히, 작성일자의 경우 기한이 지난 후 발급 시 가산세 대상이므로 주의하도록 하자.

(예시: 25년 10월1일 -10월31일 발급일자라면, 25년 11월10일까지 발행)

3) 발급방법

국세청 홈택스로 로그인 → 전자(세금)계산서 → 전자(세금)계산서 발급 → 전자(세금)계산서 건별 발급

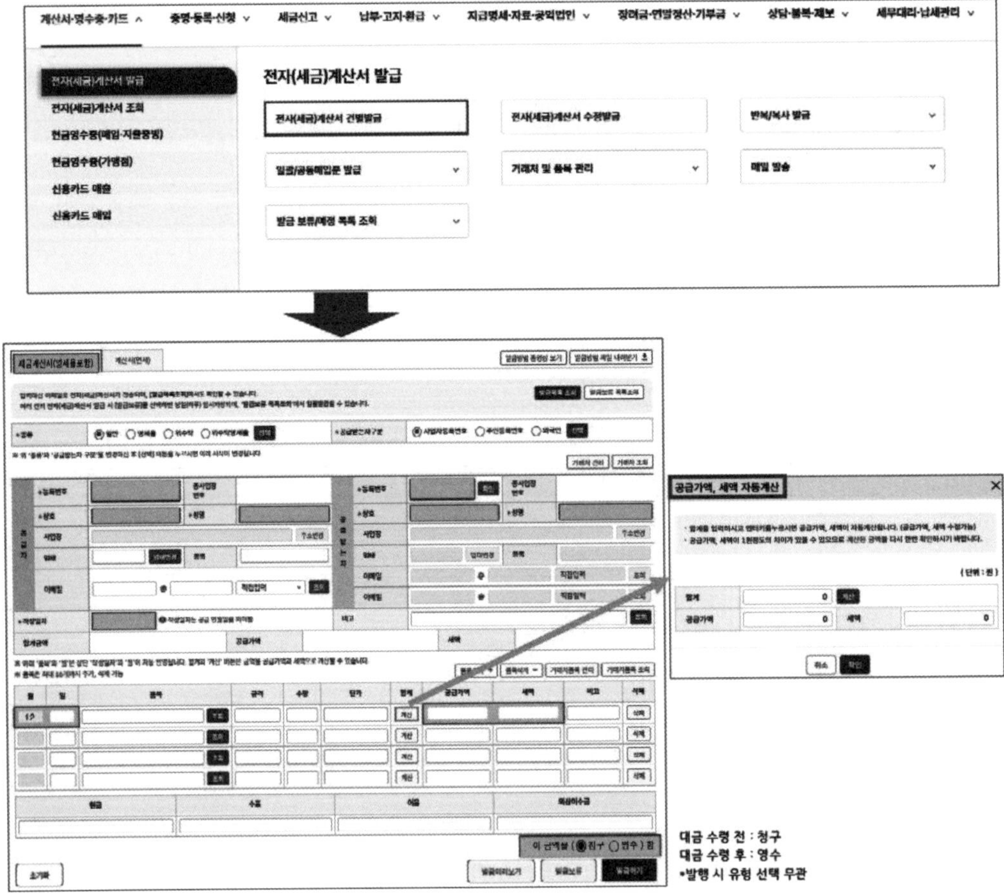

전자(세금)계산서 발급
전자(세금)계산서 건별발급
전자(세금)계산서 수정발급
반복/복사 발급
일괄/공동매입분 발급
거래처 및 품목 관리
메일 발송
발급 보류/예정 목록 조회
공급가액, 세액 자동계산
대금 수령 전 : 청구
대금 수령 후 : 영수
*발행 시 유형 선택 무관

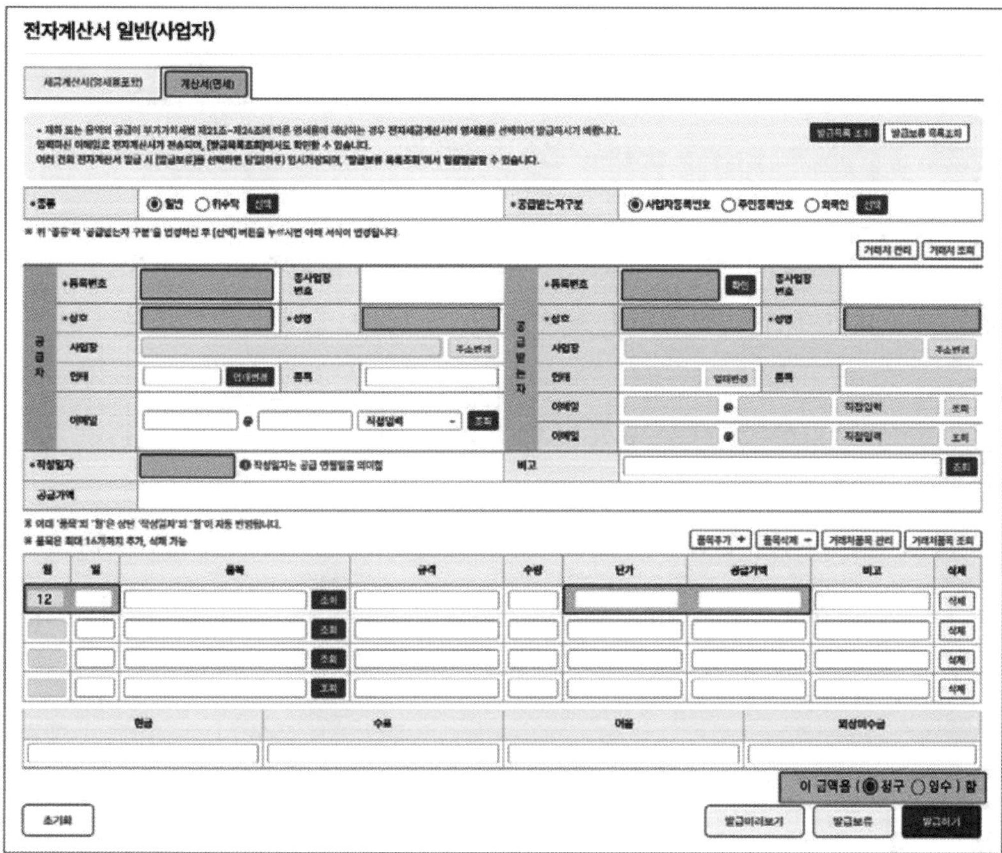

* 계산서는 세액이 없으므로, 받은 금액 그대로 공급가액에 입력한다.

* 과/면세 겸업 사업자의 경우 세금계산서와 계산서를 동시에 발급해야 할 수 있으니, 담당
세무사와 상의 후 진행하길 권고한다.

# 3

# 지출 시 수취해야 하는 영수증의 종류와 관리 방법

실무에서 다양한 형태의 거래증빙이 존재할 수 있는 점을 감안하여 세법에서는 세금계산서, 계산서, 현금영수증, 신용카드매출전표를 적격증빙으로 정하고 있다.

| 결제수단 | 카드 | 현금 | | |
|---|---|---|---|---|
| 적격증빙 | 신용카드매출전표 | 세금계산서, 계산서 | 현금영수증 | 간이영수증 |

신용카드매출전표는 국세청 홈택스에 사업용으로 사용할 카드 등록 시 사용내역이 세무대리인도 조회가 되므로 영수증을 따로 모을 필요가 없다.

현금영수증은 사업자등록번호로 발급받는 경우 세무대리인이 조회할 수 있기에 영수증을 따로 모을 필요가 없다.

세금계산서와 계산서도 전자 발행분은 세무대리인이 조회할 수 있으므로 따로 출력해서 전달하지 않아도 확인할 수 있다. 다만 수기로 기재한 세금계산서 및 계산서는 세무사에게 전달해야 한다.

한편 개원준비 및 병원 운영을 하다 보면 간이영수증을 받는 경우가 종종 있다. 간이영수증은 건당 3만 원 미만의 거래는 가산세 없이 경비처리가 가능하다. 3만 원 이상의 거래는 병원 경영에 사용한 경비라면 경비처리 가능하지만 거래대금의 2%의 증빙불비가산세가 발생한다.

이 경우 추가적으로 이렇게 묻는 원장들이 있다. "병원 내부에 15만 원 정도 드는 랜선 공사하고 기술자가 간이영수증에 15만 원 써서 영수증을 주는데, 그럼 각각에 3만 원 미만으로 간이영수증 5장을 받아서 경비처리하면 가산세도 안 나가고 좋은 거 아닌가?" 결론부터 얘기하면 가산세를 부담하더라도 떳떳한 경비이므로 한 장에 받는 것이 좋다. 오히려 같은 곳에서 여러 장 받으면 추후 더 의심만 사고 떳떳한 경비마저 의심을 사서 부인당할 수도 있기 때문이다. 다만, 가능하면 최소한 계좌이체 내역은 남겨 두는 것이 추후 인정받기가 용이하다.



**Q.** 홈쇼핑에서 병원에 사용할 소파 등을 구입해도 경비처리가 되는지? 해외 직구는 어떤지? 친동생이 ○○전자에 근무해서 직원 할인가로 저렴하게 구입할 수 있는데, 이 경우 경비처리할 수 있는 방법은 없는지?

**A.** 관련 업체나 국내매장이 소비자가가 높은 경우가 많다 보니 위처럼 온라인을 통해 직접 구입하거나 해외 직구사이트를 통해 구입하는 경우가 점점 많아지고 있다. 온라인이나 해외 직구사이트를 통해 구입하는 것도 병원에 사용하여 진료를 위한 물품을 구입하는 것이면 당연히 경비처리 가능하다.

다만, 추후 병원을 위해 산 것인지 가정을 위해 산 것인지 애매하게 볼 수 있는 항목들은 가능하다면 병원에 사용한 것임을 입증할 수 있는 최대한 많은 증거(예: 병원 내 설치사진, 병원으로 배송지 설정, 구매명세서 등)를 남겨 두는 것이 좋다.

가족 중에 ○○전자 등의 유관업체에 근무해서 직원할인가로 대기실 TV나 컴퓨터 등을 저렴하게 구매하는 경우도 있다. 이 경우 보통 해당 가족 명의 카드로 결제해야 직원 할인가를 받을 수 있는 경우가 대부분이다 보니 원장 본인이 아닌 가족 명의의 카드영수증도 병원 물품 구입 시 경비처리가 가능하냐는 부분에 대한 문의가 종종 있다. 이 경우 '해당 가족 명의로 결제한 카드영수증'과 '해당 물품 사진이 설치된 사진', '카드 명의의 가족에게 물품구입비를 계좌이체한 내역'을 보관하여 경비 인정에 문제가 없도록 준비해 두자.

**Q.** 병원경비처리를 하는 데 반드시 사업자카드를 사용해야만 경비처리가 되는 건가. 개인카드를 사용하면 경비처리가 안 되는 걸까?

**A.** 병원은 법인사업자가 아닌 개인사업자이기에 원장이 병원카드를 사용하건 개인카드를 사용하건 병원의 사업을 위해 사용한 것이 명확하면 모두 경비처리 가능하다. 예를 들어 병원카드로 자녀의 옷을 사 줬다고 가정하면 아무리 병원카드일지라도 경비처리가 불가능하다. 반대로 개인카드여도 병원 장비를 구매하는 데 사용했다면 당연히 경비처리 가능하다.

즉, 어떤 카드를 사용하는지보다 어떤 목적으로 카드를 사용했는지가 더 중요한 판단요소이다. 물론 그럼에도 불구하고 실무에서는 추후 오해의 소지를 없애기 위해 가급적 병원카드를 사용하길 권고한다.

**Q.** 개인용 카드를 사업용 카드로 등록하고 사용한 경우 문제없는지?

**A.** 카드의 종류에는 신용카드, 체크카드, 사업자카드 3가지 유형이 있다. 개인사업자의 경우 카드의 종류와 상관없이 홈택스에 사업용카드로 등록하면 해당 카드가 사업용 카드에 해당한다.

실무에서는 신용카드나 체크카드가 혜택이 좋기에 많이 사용하는 편이고 사업자카드는 혜택이 좋지는 않지만 한도가 높고 상품권을 구매할 수 있어 발급받아 사용하는 경우가 많다. 언급한 바와 같이 카드의 종류를 기준으로 경비처리 여부가 정해지는 것은 아니고 카드를 어디에 썼느냐에 따라 달라진다.

예를 들어 신용카드로 병원 물품을 구매하는 경우 당연히 사업용으로 썼기에 경비처리
가 되고, 사업자카드이지만 백화점에서 개인적인 물품을 구매했다고 하면 경비처리가
불가하다.

**Q.** 공동사업자의 경우 공동 대표자의 사업용 신용카드 등록은 어떻게 하나?

**A.** 공동사업자의 경우 사업자 등록증 상에 외 1인 등으로 표시되는 공동 대표자의 사업용
신용카드도 등록이 가능하다. 사업자등록증상 개업연월일이 지난 이후에 외 1인으로
표시되는 공동 대표의 신용카드를 홈택스에 등록할 수 있고 주 대표의 신용카드는 개업
연월일과 상관없이 등록할 수 있다.

## 〈증빙별 예시. 세금계산서, 신용카드매출전표, 현금영수증, 간이영수증〉

[별지 제11호 서식]

**세금계산서** (공급받는자 보관용)

| 공급자 | 등록번호 | - | 공급받는자 | 등록번호 | - |
|---|---|---|---|---|---|
| | 상호(법인명) / 성명 | | | 상호(법인명) / 성명 | |
| | 사업장 주소 | | | 사업장 주소 | |
| | 업태 부동산업 / 종목 비주거용 임대업 | | | 업태 보건업 / 종목 의원 | |

작성 공급가액 1,818,182 세액 181,818

| 월 | 일 | 품목 | 규격 | 수량 | 단가 | 공급가액 | 세액 | 비고 |
|---|---|---|---|---|---|---|---|---|
| 8 | 30 | | | | | 1,818,182 | 181,818 | |

합계금액 **2,000,000**  현금  수표  어음  외상미수금  이 금액을 영수 청구 함

22226-28131일 '96.3.27승인    인쇄용지(특급)34g/m2 182mmx128mm

---

[별지 제11호 서식]

**세금계산서** (공급자 보관용)

| 공급자 | 등록번호 | - | 공급받는자 | 등록번호 | - |
|---|---|---|---|---|---|
| | 상호(법인명) / 성명 | | | 상호(법인명) / 성명 | |
| | 사업장 주소 | | | 사업장 주소 | |
| | 업태 부동산업 / 종목 비주거용 임대업 | | | 업태 보건업 / 종목 의원 | |

작성 공급가액 1,818,182 세액 181,818

| 월 | 일 | 품목 | 규격 | 수량 | 단가 | 공급가액 | 세액 | 비고 |
|---|---|---|---|---|---|---|---|---|
| 8 | 30 | | | | | 1,818,182 | 181,818 | |

합계금액 **₩ 2,000,000**  현금 0  수표 0  어음 0  외상미수금  이 금액을 영수 청구 함

22226-28131일 '96.3.27승인    인쇄용지(특급)34g/m2 182mmx128mm

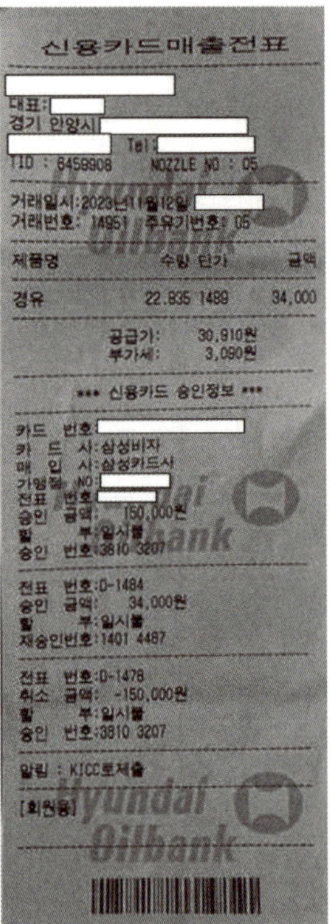


**현금영수증**

소득공제용    KG 이니시스

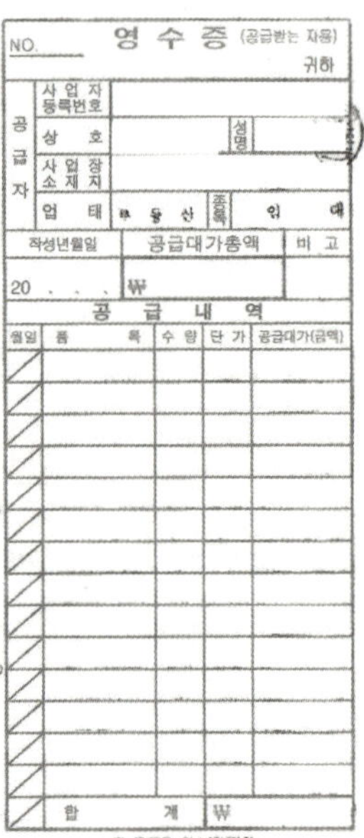

① 회원가입 시 개인사업자 및 법인사업자로 회원가입하면 신용카드 등록이 가능하다. 가입 시 사업자번호로 인증한 인증서(건강보험공단 인증서도 사업자번호로 인증한 경우 가능)가 필요하며, 사업자 용 인증서는 거래하는 은행에 문의하여 받아야 한다.

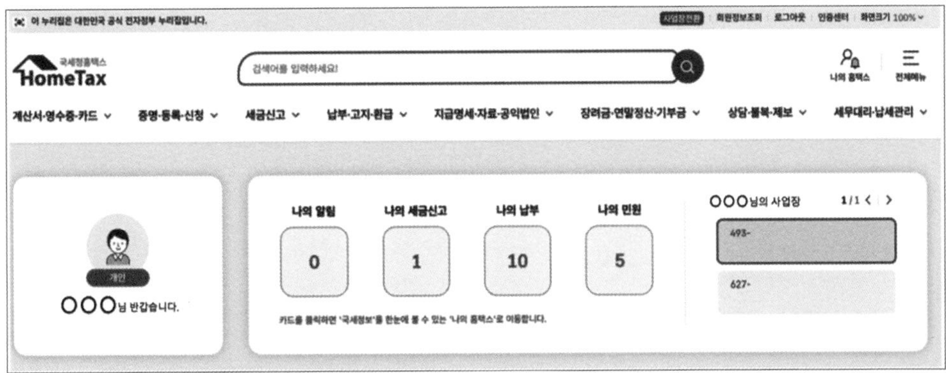

② 회원가입 완료 후, 상단메뉴의 '계산서/영수증/카드 → 신용카드 매입 → 사업용신용카드 등록 및 조회'에 들어간다.

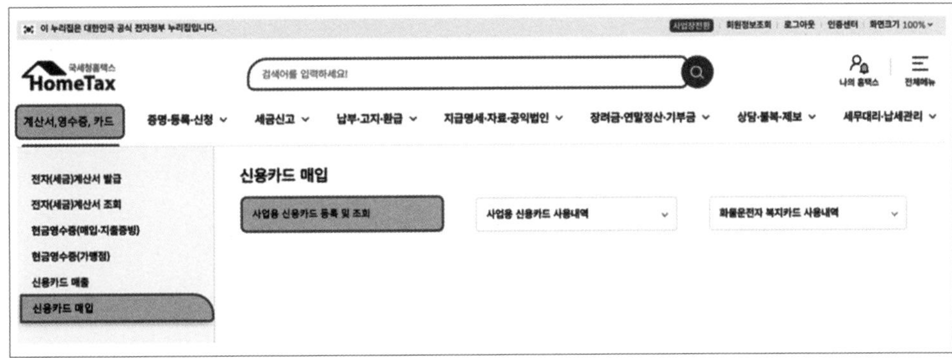

③ '카드번호 입력 및 휴대전화번호 입력' 후 '등록접수하기' 클릭한다.

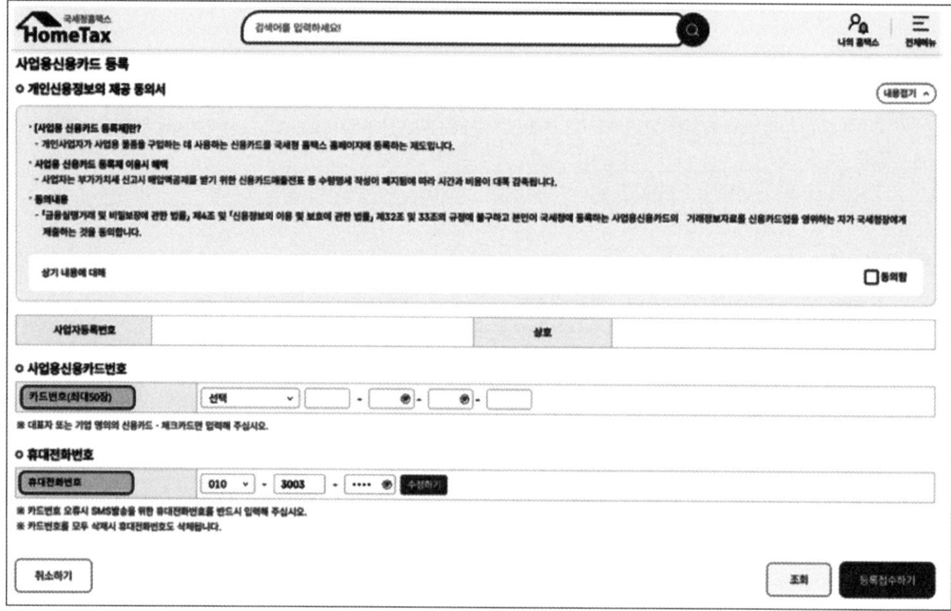

# 4

## 즉시 경비처리되는 지출과
## 감가상각되는 지출의 구분

　'인테리어, 간판, 장비, 건당 100만 원 이상의 비품[19]' 등 목돈이 들어가고 몇 년에 걸쳐 사용하는 병원자산(이하 '건축물 외의 유형고정자산'이라 한다)은 한 번에 경비처리하는 것이 아니라 ① 고정자산[20]으로 등재를 해서 ② '기간: 4~6년'(무신고 시 5년)동안 ③ '상각방법[21]: 정

---

19)　소득세법 시행령 제67조【즉시상각의 의제】

　　(중략)

　　④ 취득가액이 거래단위별로 100만원 이하인 감가상각자산은… (중략) 이를 그 사업용으로 제공한 날이 속하는 과세기간의 필요경비에 산입한다. 다만, 다음 각 호의 어느 하나에 해당하는 것은 그러하지 아니하다.

　　　1. 당해 고유업무의 성질상 대량으로 보유하는 자산

　　　2. 당해 사업의 개시 또는 확장을 위하여 취득한 자산

20)　소득세법 시행령 제62조【감가상각액의 필요경비계산】

　　… (중략)

　　② 제1항에서 "감가상각자산"이란 해당 사업에 직접 사용하는 다음 각 호의 어느 하나에 해당하는 자산(시간의 경과에 따라 그 가치가 감소되지 아니하는 것을 제외한다)을 말한다. (2020. 2. 11. 개정)

　　　1. 다음 각 목의 어느 하나에 해당하는 유형자산

　　　　가. 건물(부속설비를 포함한다) 및 구축물(이하 "건축물"이라 한다)

　　　　나. 차량 및 운반구, 공구, 기구 및 비품

　　　　다. 선박 및 항공기

　　　　라. 기계 및 장치

　　（중략) …

　　　2. 다음 각 목의 어느 하나에 해당하는 무형자산

　　　　가. 영업권, 디자인권, 실용신안권, 상표권

　　　　나. 특허권, (중략) …

　　③ 제1항을 적용할 때 장기할부조건 등으로 매입한 유형자산 및 무형자산의 경우 그 대금의 청산 또는 소유권의 이전 여부에 관계없이 이를 감가상각자산에 포함시키며… (중략)

21)　소득세법 시행령 제64조【감가상각방법의 신고】

　　① 개별 감가상각자산별에 대한 상각액은 다음 각 호의 구분에 따른 상각방법 중 사업자가 납세지 관할세무서장에게 신고한 상각방법에 따라 계산한다.

　　　1. 건축물과 무형자산(제3호 및 제6호부터 제8호까지의 규정에 따른 자산은 제외한다): 정액법

　　　2. 건축물 외의 유형자산(제4호에 따른 자산은 제외한다): 정률법 또는 정액법

　　（중략) …

액법 또는 정률법[22]으로 선택해서(차량제외 무신고 시 정률법적용) 처리 가능하다. 이 경우 법적 한도보다 많은 금액을 경비처리할 수는 없지만 한도보다 적은 금액을 경비처리 시 적게 처리한 금액은 사라지는 게 아니라 나중에 이월시켜서(단, 차량은 제외) 경비처리할 수 있다.

**유사한 질문**

**Q.** 지금 경비가 많아서 인테리어 등의 비용을 늦게 처리하고 싶은데, 세금계산서를 내년으로 미뤄서 받으면 더 유리해지지 않을까?

**A.** 간혹 당장 경비가 많아서 나중에 경비처리 받기 위해 받을 세금계산서를 일부러 늦게 받는 등의 행위는 하지 않는 것이 좋다. 세금계산서 법적 발급기한 안에 받지 않으면 추후 해당 세금계산서가 적격증빙으로 인정받지 못하여 불이익을 받을 수 있기 때문이다.

**Q.** 생각보다 병원이 빨리 자리를 잡아 경비가 부족하다. 감가상각방법과 무관하게 인테리어 비용 등을 한 번에 경비처리할 수는 없는 것인가?[23]

---

22) 소득세법 시행령 제66조【정률법·정액법 등의 정의】
제64조에서 사용하는 용어의 정의는 다음 각 호와 같다.
1. "정률법"이란 해당 감가상각자산의 취득가액에서 이미 감가상각비로 필요경비에 산입한 금액[법 제33조의 2 제1항에 따른 업무용승용차(이하 "업무용승용차"라 한다)의 감가상각비 중 같은 조 제1항 및 제2항에 따라 필요경비에 산입하지 아니한 금액을 포함한다]을 공제한 잔액에 해당 자산의 내용연수에 따른 상각률을 곱하여 계산한 각 과세기간의 상각범위액이 매년 체감되도록 하는 상각방법을 말한다.
2. "정액법"이라 함은 당해 감가상각자산의 취득가액(「법인세법 시행령」 제72조의 규정을 준용하여 계상한 취득가액을 말한다. 이하 이 조에서 같다)에 당해 자산의 내용연수에 따른 상각률을 적용하여 계산한 각 과세기간의 상각범위액이 매년 균등하게 되는 상각방법을 말한다.
(중략) …
23) 소득세법 시행령 제63조의 2【내용연수의 특례 등】
① 사업자는 다음 각 호의 어느 하나에 해당하는 경우에는 제63조 제1항 제2호 및 같은 조 제3항에도 불구하고 기준내용연수에 기준내용연수의 100분의 50을 더하거나 뺀 범위에서 사업장별로 납세지 관할지방국세청장의 승인을 받아 내용연수범위와 다르게 내용연수를 적용하거나 적용하던 내용연수를 변경할 수 있다.
  1. 사업장의 특성으로 자산의 부식·마모 및 훼손의 정도가 현저한 경우
  2. 사업개시 후 3년이 지난 사업자로서 해당 과세기간의 생산설비(건축물을 제외하며, 이하 "생산설비"라 한다)의 기획재정부령으로 정하는 가동률(이하 "가동률"이라 한다)이 직전 3개 과세기간의 평균가동률보다 현저히 증가한 경우
  3. 새로운 생산기술 및 신제품의 개발·보급 등으로 기존 생산설비의 가속상각이 필요한 경우
  4. 경제적 여건의 변동으로 조업을 중단하거나 생산설비의 가동률이 감소된 경우
② 사업자가 제1항에 따라 내용연수의 승인 또는 변경승인을 받으려는 때에는 제63조 제2항 각 호의 날부터 3개월이 되는 날 또는 그 변경할 내용연수를 적용하려는 최초 과세기간의 종료일 이전 3개월이 되는 날까지 기획재정부령으로 정하는 내용연수(변경)승인신청서를 납세지 관할세무서장을 거쳐 관할지방국세청장에게 제출(국세정보통신망에 의한 제출을 포함한다)하여야 한다. 이 경우 내용연수의 승인·변경승인의 신청은 연단위로 하여야 한다.

- 병원에 화재가 났다. 부득이 다시 인테리어를 하고 피해 보상금 등도 지불해야 할 거 같은데 관련한 비용이 모두 경비처리 가능한가?

- 병원을 이전하기로 했다. 장비나 비품은 가지고 갈 건데, 가지고 갈 수 없는 인테리어, 간판 등은 아직 경비처리할 게 남아 있는 것으로 알고 있다. 이 부분에 대한 경비처리는 가능한가?

**A.** 기본적으로 아무런 사유 없이 감가상각대상 자산을 경비가 부족하다며 일시에 경비처리할 수 없다.

'각종 천재지변, 화재, 침수, 파손 또는 멸실, 사업장 이전으로 인한 인테리어 원상복구로 인한 철거 등'의 경우에 즉시상각의제[24](남은 잔존가를 일시에 경비처리 하는 것)를 적용한다.

---

③ 제2항에 따라 신청서를 접수한 납세지 관할세무서장은 그 신청인에게 신청서의 접수일이 속하는 과세기간 종료일(신청서의 접수일부터 과세기간 종료일까지의 기간이 3개월 미만인 경우에는 신청서의 접수일부터 3개월이 되는 날을 말한다)까지 관할지방국세청장으로부터 통보받은 승인 여부에 관한 사항을 통지하여야 한다.

④ 제2항의 규정에 의한 신청서 접수일이 속하는 과세기간 종료일 이후에 내용연수의 승인 또는 변경승인을 얻은 경우에는 그 승인 또는 변경승인을 얻은 날이 속하는 과세기간부터 승인 또는 변경승인을 얻은 내용연수를 적용한다.

⑤ 제1항의 규정에 의하여 감가상각자산의 내용연수를 변경(재변경을 포함한다)한 사업자가 당해 자산의 내용연수를 다시 변경하고자 하는 경우에는 변경한 내용연수를 최초로 적용한 과세기간 종료일부터 3년이 경과하여야 한다.

24)  소득세법 시행령 제67조【즉시상각의 의제】

① 사업자가 감가상각자산을 취득하기 위하여 지출한 금액과 감가상각자산에 대한 자본적 지출에 해당하는 금액을 필요경비로 계상한 경우에는 이를 감가상각한 것으로 보아 상각범위액을 계산한다.

② 제1항에서 "자본적 지출"이란 사업자가 소유하는 감가상각자산의 내용연수를 연장시키거나 해당 자산의 가치를 현실적으로 증가시키기 위해 지출한 수선비를 말하며, 다음 각 호에 해당하는 지출을 포함하는 것으로 한다.

(중략)…

    4. 재해 등으로 인하여 건물ㆍ기계ㆍ설비 등이 멸실 또는 훼손되어 당해 자산의 본래 용도로의 이용가치가 없는 것의 복구

(중략) …

⑥ 다음 각 호의 어느 하나에 해당하는 경우에는 그 자산의 장부가액과 처분가액의 차액을 해당 과세기간의 필요경비에 산입할 수 있다.

    1. 시설의 개체(改替) 또는 기술의 낙후로 생산설비의 일부를 폐기한 경우

    2. 사업의 폐지 또는 사업장의 이전으로 임대차계약에 따라 임차한 사업장의 원상회복을 위하여 시설물을 철거하는 경우

(중략) …

※ 참고사항

화재 등으로 인한 피해 시 즉시 경비처리하기 위해 필요한 서류

## (1) 화재로 인한 각종 피해 보상 시 화재증명원을 발급

화재로 인해 피해를 입은 경우 화재증명원을 발급 받아 세제감면, 보험처리, 각종 증명서의 재발급, 건축물의 재·개축 등 화재로 인한 피해 보상 시 활용할 수 있으며 가까운 소방서로 방문하여 발급 가능하다.


- 신청: 화재 대상물의 소유자, 관리자, 점유자 등 관계인 또는 관계인의 위임장을 제출한 자
- 사후 화재의 경우: 화재 사후조사 의뢰서 작성 후 소방서장에게 제출할 경우, 발화 장소 및
  발화지점의 현장이 보존되어 있는 경우에만 화재증명원 발급 가능


## (2) 피해사실확인서

피해사실확인서란 재난 등으로 인해 피해를 입은 당사자 일방이 이에 대한 보상을 요청하기 위해 피해사실을 확인하는 내용의 문서를 말한다. 피해사실확인서에는 피해자의 인적사항과 함께 사망 또는 부상자 발생에 대한 피해사실을 기재한다. 또 농경지나 주택 등의 피해 면적과 피해 일시 등의 피해 내역을 상세히 기술하도록 한다.

# 고용형태별 직원의 급여처리

병원을 개원하면 다양한 형태로 직원들과 계약을 한다. 직원과의 근로조건은 다음과 같이 구분할 수 있다.

### (1) 정규직 직원

사용자와 직접 근로계약을 체결하여 사업장 내에서 전일제(full-time)로 근무하면서 근로계약기간의 정함이 없이 정년까지 고용을 보장하는 근로자로 병원의 간호인력 등 일반직원들이다.

### (2) 일용직

소득세법 시행령에 따라 3개월 이상 계속하여 고용되어 있지 아니한 자, 고용노동법에 따라 1개월 이상 계속하여 고용되어 있지 아니한 자로 간호실습생이나 아르바이트생 등이 해당한다.

### (3) 프리랜서

사업주와의 근로계약이 아닌 자유계약에 의하여 일하는 사람으로 근로자와의 차이는 결과물에 대하여 보수를 지급받게 되고 구체적인 업무지시와 감독을 받지 않는 점이 있다. 병원의 브랜드 로고를 디자인하는 사람, 외부 마케팅 인력 등이 해당될 수 있다.

병원에 자주 있을 몇 가지 사례만 짚고 넘어가 보자.

주 5일 또는 주 6일 근무하는 직원은 통상 정규직으로 분류한다. 간혹, 1주일에 2일만 일하는 사람은 아르바이트가 아니냐고 질의하는 경우가 있는데 계속되어 고용되어 있는 자라면 정규직으로 신고해야 한다. 매일 출근하여 일해 주시는 환경미화원은 실무에서는 일용직으로 신고하는 경우가 대부분이나 정의에 따른 분류에 따르면 정규직인 것이다.

파트타임 페이닥터의 경우 성과에 따라 보수를 받는다면 프리랜서 신고가 가능하다. 헌데 실무상으로는 보통 정해진 급여를 받고 프리랜서로 신고하는 경우가 많으나 정의에 따른 분류에는 맞지 않다.

정의에 따른 분류와 개업 중 신고방식이 다른 경우도 많고 노동법상 이슈들이 많이 생기고 있는 게 실무의 현실이다. 우선 어떠한 고용방식의 직원이라 해도 계약서는 기재하는 게 서로를 위한 길이다. 노무 관련 이슈는 전문 노무사와 상의하며 담당 세무사와 같이 3인 1각으로 업무협조를 하는 것이 병원 매출 성장에만 집중할 수 있고 근로자와의 발생 가능한 분쟁을 줄이는 가장 현명한 길이다.

### 유사한 질문

**Q.** 병원보수공사를 하는데 사업자등록증을 따로 가지고 있지 않은 업자에게 대금을 지불할 경우 어떻게 경비처리 할 수 있을까?

**A.** 사업자등록증이 따로 없더라도, 이름, 주민번호로 사업소득자 신고(프리랜서)를 하고, 계약서 및 계좌이체 내역으로 증거를 남겨 경비처리 가능하다.

**Q.** 병원에 일주일에 한두 번 출근하는 환경미화원의 급여는 어떻게 신고하며 경비처리를 해야 하는 걸까?

**A.** 환경미화원과 일용직 계약서 작성 및 신분증을 받고 당월 급여를 계좌이체하고 일한 날짜와 일당을 기록하여 추후 일용직 급여신고를 통해 경비처리 한다.

**Q.** 최근에 의원에서도 주 5일제 근무가 보편화됨에 따라 직원들에게 주 5일 근무환경을 조성해 주려다 보니 일주일에 한두 번만 와서 도와주는 파트타임 인원이 추가로 필요하게 되었다. 어떻게 처리하면 되나?

**A.** 각 병원의 해당 근로자와의 근로조건을 기준으로, 본문의 정규직, 일용직, 프리랜서 분류 기준을 참고하여 처리한다.


**Q.** 직원이 실업급여 수급자라고 수급기간이 아직 한 달 남았으니 신고하지 않고 급여를 주면 안 되겠느냐고 한다. 어떻게 처리해야 하나?

**A.** 해당 직원을 고용할 수는 있으나 급여를 신고하지 않고 경비처리할 수 있는 방법은 없다. 고용을 신고하고 급여를 신고하는 경우 국가는 해당 근로자에 대한 실업급여 지급을 중단한다.


실업급여 수급자가 근로를 제공하거나 취업·창업한 사실 또는 소득이 발생한 사실을 신고하지 않을 경우, 재취업활동을 허위로 제출한 경우 등 기타 거짓이나 부정한 방법으로 실업급여를 받은 경우에는 실업급여 지급을 제한하며, 그간 지급받은 실업급여는 모두 반환되고 부정하게 지급받은 금액의 최대 5배가 추가 징수될 수 있다. 또한, 최대 5년 이하의 징역 또는 5천만 원 이하의 벌금이 부과될 수 있다.

실업급여를 부정하게 받거나 받으려고 한 날부터 소급하여 10년간 3회 이상 부정수급으로 실업급여 지급이 제한된 경우, 최대 3년간 새로운 구직급여 수급자격에 따른 실업급여 지급이 제한된다. 결론적으로 실업급여 받는 중에는 급여를 신고할 수가 없다. 급여신고를 하지 못하면 적법하게 경비처리를 받지 못할뿐더러 고용과 관련한 세액공제 등도 받지 못한다.

부정수급 제보 시 포상금 제도도 있어 간혹 제3자가 제보를 하는 경우가 있다. 부정수급액의 20%를 제보자에게 지급하는데 1인당 연간 5백만 원을 한도로 한다.

**Q.** 배우자에게 수납 및 재무업무를 보도록 배치하고 나는 진료에만 전념하고자 한다. 이 경우 배우자의 인건비를 경비로 처리하는 데 문제는 없을까? 급여는 어떻게 책정해야 하나?

**A.** 배우자 및 친족도 병원에서 업무를 맡아 할 수 있고, 근로자로서 급여를 받고 이를 경비 처리하는 것도 가능하다. 다만, 특수관계자이기에 추후 의심을 살 수 있으므로, 출퇴근 기록과 업무일지 등으로 충분히 본인의 업무에 대해 근거를 남겨 두어야 하며 해당 업무에 대한 업종평균적인 급여로 급여 책정을 해야 추후 있을 과세 당국과의 이견을 좁힐 수 있을 것이다.

⟨5인 미만 VS 5인 이상 VS 10인 이상의 법적적용규정 차이도표⟩

|  | 5인 미만 | 5인 이상 | 10인 이상 |
| --- | --- | --- | --- |
| 1. 근로자 명부 작성 | O | O | O |
| 2. 근로계약서 작성 및 교부 | O | O | O |
| 3. 임금대장 작성 | O | O | O |
| 4. 해고예고 및 해고예고 수당 지급 | O | O | O |
| 5. 재해 보상의무 | O | O | O |
| 6. 주휴일 | O | O | O |
| 7. 최저임금 | O | O | O |
| 8. 건강진단의무 | O | O | O |
| 9. 퇴직금 지급 | O | O | O |
| 10. 산재 및 출산전후 휴업기간 30일 해고 제한 | O | O | O |
| 11. 연차휴가 | X | O | O |
| 12. 생리휴가 | X | O | O |
| 13. 야간, 휴일, 시간 외 근로에 대한 여성 근로자의 동의 | X | O | O |
| 14. 연장, 야간, 휴일수당 지급 | X | O | O |
| 15. 휴업수당 | X | O | O |
| 16. 안전보건교육의무 | X | O | O |

| 17. 기간제근로자의 2년 이상 사용제한 | X | O | O |
| 18. 비정규직 차별금지 및 시정 | X | O | O |
| 19. 직장 내 괴롭힘 예방 | X | O | O |
| 20. 주 52시간 근로시간 제한 | X | O | O |
| 21. 성희롱 예방교육 | X | X | O |
| 22. 취업규직 작성신고 | X | X | O |

※ 참고사항 - 취업규칙

근로기준법에서는 상시근로자가 10인 이상인 경우 반드시 취업규칙을 작성하여 관할노동부 지방사무소에 신고하고 사업장에 비치하도록 정하고 있다.

근로기준법 제93조에서는 취업규칙에 반드시 들어가야 할 항목을 열거하고 있으며, 이는 다음과 같다.

1. 업무의 시작과 종료 시각, 휴게시간, 휴일, 휴가 및 교대 근로에 관한 사항
2. 임금의 결정·계산·지급 방법, 임금의 산정기간·지급시기 및 승급(昇給)에 관한 사항
3. 가족수당의 계산·지급 방법에 관한 사항
4. 퇴직에 관한 사항
5. 「근로자퇴직급여 보장법」 제4조에 따라 설정된 퇴직급여, 상여 및 최저임금에 관한 사항
6. 근로자의 식비, 작업 용품 등의 부담에 관한 사항
7. 근로자를 위한 교육시설에 관한 사항
8. 출산전후휴가·육아휴직 등 근로자의 모성 보호 및 일·가정 양립 지원에 관한 사항
9. 안전과 보건에 관한 사항
   9의2. 근로자의 성별·연령 또는 신체적 조건 등의 특성에 따른 사업장 환경의 개선에 관한 사항
10. 업무상과 업무 외의 재해부조(災害扶助)에 관한 사항
11. 직장 내 괴롭힘의 예방 및 발생 시 조치 등에 관한 사항
12. 표창과 제재에 관한 사항
13. 그 밖에 해당 사업 또는 사업장의 근로자 전체에 적용될 사항

# 자동차 경비처리

## (1) 차량 자체의 금액[이하 '업무용승용차 관련 비용 = (1) + (2)'라 한다]

### 1) 일시불, 할부차량

업무용승용차에 대해서는 '내용연수 5년 + 정액법'을 감가상각비로 하여 경비에 반영한다. 즉, 해마다 1/5로 나눈 금액을 연간 800만 원의 법적한도 내에서 '업무사용비율'(운행기록 등에 따라 확인되는 총 주행거리 중 업무용 사용거리가 차지하는 비율)에 따라 차량금액을 경비처리한다. (단, 기중 취득 시 월할계산)

### 2) 리스차량

리스차량의 경우 임차료에서 해당 임차료에 포함되어 있는 보험료, 자동차세 및 수선유지비를 차감한 금액을 차량감가상각비로 한다. 다만, 수선유지비를 별도로 구분하기 어려운 경우에는 임차료(보험료와 자동차세를 차감한 금액)의 100분의 7을 수선유지비로 할 수 있다. 즉, 월 리스료가 100만 원이고 리스료에 유지비를 따로 기재하고 있지 않다면 차량에 대한 비용은 93만 원으로 본다는 의미이다.

### 3) 렌트차량

렌트차량의 경우 임차료의 100분의 70에 해당하는 금액을 차량에 대한 비용으로 본다. 즉, 월 렌트료가 100만 원이라면 70만 원을 차량에 대한 비용으로 본다는 의미이다.

## (2) 차량운영비

업무용승용차에 대한 유류비, 보험료, 수선비, 자동차세, 통행료 및 금융리스부채에 대한 이자비용 등 업무용승용차의 유지를 위하여 지출한 비용을 말한다.

업무사용비율을 적용하려면 업무용승용차별로 운행기록 등을 작성·비치해야 하며, 업무사용비율을 적용할 때 운행기록 등을 작성·비치하지 않은 경우 해당 업무용승용차의 업무사용비율은 다음의 구분에 따른 비율로 한다.

① 해당 과세기간의 업무용승용차 관련 비용이 1천 5백만 원(해당 과세기간이 1년 미만이거나 과세기간 중 일부 기간 동안 보유 또는 임차한 경우에는 1천 5백만 원을 월할계산함) 이하인 경우: 100분의 100

② 해당 과세기간의 업무용승용차 관련 비용이 1천 5백만 원을 초과하는 경우: 1천 5백만 원을 업무용승용차 관련 비용으로 나눈 비율

## (3) 공동사업의 경우 추가사항

공동사업장의 경우는 1사업자로 보아 1대를 제외하고 추가적인 차량에 대해서는 다음과 같이 처리한다.

① 해당 과세기간의 전체 기간(임차한 승용차의 경우 해당 과세기간 중에 임차한 기간) 동안 해당 사업자, 그 직원 등이 운전하는 경우만 보상하는 자동차보험(이하 "업무전용자동차보험")에 가입한 경우: 업무사용비율금액

② 업무전용자동차보험에 가입하지 않은 경우: 업무사용비율금액의 0%. 다만, 다음의 어느 하나에 해당하는 사업자를 제외한 사업자의 2024년 1월 1일부터 2025년 12월 31일까지 발생한 업무용승용차 관련비용에 대해서는 업무사용비율금액의 50%로 한다.

　- 법 제70조의2 제1항에 따른 성실신고확인대상사업자(직전 과세기간의 성실신고확인대상사업자를 말한다)

- 의료업, 수의업, 약사업 및 「부가가치세법 시행령」 제109조 제2항 제7호에 따른 사업을 영위하는 사람



Q. 자동차 구입 시 리스, 할부, 현금 중 유리한 방식은?

A. 차량을 자주 바꾸지 않는 경우라면 자차가 유리하다고 보며, 1년, 2년마다 차량을 변경하는 성격이면 렌트나 리스가 유리할 수도 있다. 렌트나 리스의 경우 계약기간이 끝나고 인수를 하게 되는데 그 경우 취득세가 또 발생한다. 가장 경제적으로 구매하는 방법은 총비용을 계산해서 제일 낮은 금액의 형태로 구매하는 방법이다. 개원을 하게 되면 직장가입자로 건강보험이 들어가기에 자차로 소유한다고 하더라도 건강보험료가 오르거나 하지는 않는다.

Q. 차량운행일지는 정해진 양식이 있나요? 아니면 자유양식으로 기재하면 되나요?

A. 국세청 고시양식이 있고 이는 다음과 같다.

【업무용승용차 운행기록부에 관한 별지 서식】 <2016.4.1. 제정>

| 과 세 기 간 | · - · | 업무용승용차 운행기록부 | 상 호 명 | |
| | | | 사업자등록번호 | |

**1. 기본정보**

| ①차 종 | ②자동차등록번호 |
| --- | --- |
| | |

**2. 업무용 사용비율 계산**

| ③사용일자 (요일) | ④사용자 | | 운행 내역 | | | | | ⑩비 고 |
| | 부서 | 성명 | ⑤주행 전 계기판의 거리 (km) | ⑥주행 후 계기판의 거리 (km) | ⑦주행거리 (km) | 업무용 사용거리(km) | | |
| | | | | | | ⑧출.퇴근용(km) | ⑨일반 업무용(km) | |
| | | | | | | | | |
| | | | | | | | | |
| | | | | | | | | |
| | | | | | | | | |
| | | | | | | | | |
| | | | | | | | | |
| | | ⑪과세기간 총주행 거리(km) | | | ⑫과세기간 업무용 사용거리(km) | | ⑬업무사용비율 (⑫/⑪) | |
| | | | | | | | | |

# 7

# 상품권 또는 기프트카드

실무에서 간혹 상품권이나 기프트카드를 구입하면 무조건 경비처리가 가능하다고 생각하는 분들이 많다. 하지만 원장 본인이 사용하기 위한 상품권 등은 경비처리 대상이 아니며, 병원의 경영을 위해 구입 및 사용하는 부분만 경비처리 한다.[25] 대표적으로 병원경영과 관련하여 상품권 등을 사용하는 곳은 직원, 고마운 업체, 소개해 준 고마운 환자 정도일 것이다.

직원에게 지급 시 복리후생비 항목으로, 고마운 업체에게 지급 시 기업업무 추진비로, 환자를 소개시켜 줘서 고마운 사람에게 지급 시 기업업무 추진비 또는 홍보비로 경비처리한다.

한편 이러한 기업업무 추진비는 세금의 탈루를 위해 과도한 접대를 하는 것을 방지하기 위하여 경비로 인정되는 금액에 한도를 정하고 있다. 상품권이 기업업무 추진비로 처리한다고 가정하면 1년 간 기업업무 추진비로 처리할 수 있는 상품권 구매액의 한도는 다음과 같다.

연간 기업업무 추진비 한도액: ① + ②

① 기본한도: 1년간 3,600만 원 × (1년간 진료월 수 ÷ 12)

(적용예시) 개원 첫해라 진료월수가 6개월이면 한도는 1,800만 원이며 2년차 이상이라 1년 동안 진료를 한 경우에는 3,600만 원이 한도이다.

---

25)  소득세법 제35조 [기업업무추진비의 필요경비 불산입]

① 이 조에서 "기업업무추진비"란 접대, 교제, 사례 또는 그 밖에 어떠한 명목이든 상관없이 이와 유사한 목적으로 지출한 비용으로서 사업자가 직접적 또는 간접적으로 업무와 관련이 있는 자와 업무를 원활하게 진행하기 위하여 지출한 금액(사업자가 종업원이 조직한 조합 또는 단체에 지출한 복지시설비 중 대통령령으로 정하는 것을 포함한다)을 말한다.

② 추가한도: 병원 매출에 따라 다음의 계산식으로 한도를 추가한다.

| 매출액 | 비율 |
| --- | --- |
| 100억 원 이하 | 0.3% |
| 100억 원 초과 500억 원 이하 | 3천만 원 + 100억 원 초과 금액의 0.2% |
| 500억 원 초과 | 1억1천만 원 + 500억 원 초과 금액의 0.03% |

(적용예시) 연매출 20억 병원의 경우 추가 한도는 20억 × 0.3%로 600만 원이다. 그러므로 개원 2년 차에 20억 매출인 병원의 경우 기본한도 3,600만 원에 600만 원을 추가로 가산하여 연간 4,200만 원이 기업업무 추진비 인정 한도이다.

상품권이나 기프트카드의 경우 추후 경비인정을 효과적으로 받기 위해서 입출입장부를 하나 만들어 두는 것도 좋은 방법이다.

### 유사한 질문

Q. 직원들에게 정기적으로 상품권을 지급하고 싶은데 어떻게 경비처리를 받을 수 있을까?

A. 우선 직원들에게 지급하는 상품권은 지속적이고 반복적으로 지급함으로써 급여 대신 지급한 것으로 인정되는 경우 이에 대한 4대 보험과 소득세·주민세가 추가로 징수될 수 있음을 주의하자.

Q. 페이닥터 급여 중 일부 금액을 병원카드를 사용하는 방식으로 4대 보험 및 소득세 등을 줄이고 싶은데 괜찮을까?

A. 페이닥터 월급이 직원들 중에는 상대적으로 높아 4대 보험과 세금 부담이 크다 보니 자주 있는 상황이다. 예를 들어, 세후 1,200만 원의 페이닥터에게 급여 지급 시 4대 보험 및 소득세 등을 조금이라도 줄이기 위해 월 200만 원씩 카드를 사용하라고 하고 급여로 지급 및 신고는 월 1,000만 원만 하는 식의 거래이다. 이 역시 추후 급여성격으로 판명

시 4대 보험 및 관련 소득세 등이 추가 징수될 수 있으니 이를 감안해서 진행해야 할 것이다.

<상품권 관리 대장(예시)>

| 지급 일자 | 수령자 | 상품권명 | 금액 | 지급 사유 | 비고 |
|---|---|---|---|---|---|
|  |  |  |  |  |  |
|  |  |  |  |  |  |
|  |  |  |  |  |  |
|  |  |  |  |  |  |
|  |  |  |  |  |  |
|  |  |  |  |  |  |

# 8

# 사업용 계좌 신고방법 및 사용법

전문직 사업자의 경우 세법상 복식부기의무자이므로 수입금액 규모와 관계없이 사업용 계좌를 개설해야 한다.

사업용 계좌가 특별히 정해진 상품이 있는 것은 아니고 개인 사업자의 경우 개인명의 통장을 사업용 계좌로 쓰고 있다고 신고하면 해당 계좌가 사업용 계좌가 되는 것이다.

원칙적으로 사업용 계좌는 과세기간의 개시일부터 6개월 이내에 신고해야 한다. 사업 개시와 동시에 복식부기의무자에 해당하는 경우에는 다음 과세기간 개시일부터 6개월 이내에 신고해야 하는데, 전문직인 경우 복식부기의무자에 해당하므로 종합소득세 신고 전까지 신고해야 한다. 또한 사업에 관한 거래는 사업용 계좌를 사용해야 한다.

사업용 계좌를 개설하지 않거나 사업용 계좌를 신고하지 않은 경우, 또는 주된 매출과 비용에 대해서 사업용계좌를 사용하지 않은 경우 가산세를 납부[26]할 수 있으며 각종 조세특례제한법의 감면규정을 적용받지 못할 수 있으므로[27] 주의를 요한다.

---

[26]　※ 관련 가산세
　　① 미사용가산세 = 사업용계좌를 사용하지 아니한 금액 × 2/1,000
　　② 미신고가산세 = ㉠과 ㉡중 큰 금액
　　㉠ 미신고기간 수입금액 × 2/1,000
　　　• 해당 과세기간의 수입금액 × 미신고기간/365(윤년 366)
　　　•• 미신고기간이 2개 이상 과세기간인 경우 각 과세기간별로 적용
　　㉡ 거래금액 합계액 × 2/1,000

[27]　병의원에 적용될 수도 있는 항목중 대표적으로 배제되는 것은 조세특례제한법 제 7조의 '중소기업의 특별세액감면'정도 해당될 것으로 보인다.

# (1) 사업용 계좌 등록 방법

① 홈택스 공인인증서 로그인 후 증명·등록·신청탭 → 세금관련 신청·신고 공통분야 →
사업용(공인법인용)계좌 개설/해지

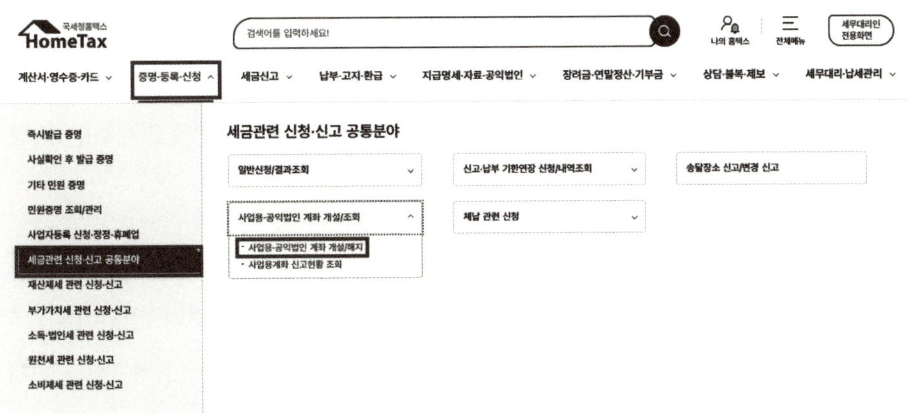

② 정보 입력 후 신청하기 클릭

**Q.** 사업 관련 비용은 사업용 계좌를 사용해야 하는데 임대차계약 당시 계약금을 사업용 계좌가 없는 상태에서 이체해도 괜찮은가?

**A.** 사업용 계좌는 사업자등록증이 나와야 등록할 수 있는데 임대차계약 전에는 사업자등록증을 발급받을 수가 없다. 개인사업자는 개인용 계좌를 사용하고 추후에 사업용 계좌로 등록을 하면 사업용 계좌에 해당하므로 먼저 개인 계좌에서 금액을 이체해도 무방하다.

**Q.** 사업용 계좌를 통해야만 하는 거래가 있는가?

**A.** 거래의 대금을 금융회사 등을 통하여 결제하거나 결제 받는 경우와 인건비 및 임차료를 지급하거나 지급받는 경우가 해당한다. 다만, 인건비를 지급하거나 지급받는 거래 중에서 거래 상대방의 사정으로 사업용 계좌를 사용하기 어려운 것으로서 대통령령으로 정하는 일부의 거래는 제외한다.

# 9

# 이자비용의 경비처리

대출의 종류와는 상관없이 지급한 이자는 경비처리할 수 있다. 하지만 모든 부채의 이자가 경비처리되는 것은 아니고 자산을 한도로 한 부채의 이자비용을 경비처리한다.

예를 들어 4억을 대출 받았는데 병원에 보증금 1억, 인테리어 1억, 장비 1억 총 3억을 투자하였다면 4억에 대한 이자비용을 지출하더라도 3억에 대한 이자비용만 비용처리 가능하다. 나머지 1억은 운영비용으로 인건비나 임대료 의약품 등으로 사용하겠지만 운영과는 상관없이 투자한 금액만큼만 부채를 인정한다. (이하 '초과인출금'이라 한다.[28])

추후 인테리어나 장비에 투자한 금액은 감가상각으로 가치가 감소하여 0이 될 텐데, 이 경우 자산은 보증금인 1억만 남고 4억의 대출 중 1억에 대한 이자비용이 경비처리 가능하다.

---

28)　초과인출금이란 부채의 합계액 중 사업용 자산의 합계액을 초과하는 금액을 말하며 해당 초과인출금에 상당하는 지급이자는 다음에 따라 계산한 금액으로 하며 가사관련경비로 필요경비 불산입한다.

　▷ 초과인출금 = 부채의 합계액 - 사업용 자산의 합계액

　▷ 초과인출금에 대한 지급이자 = 지급이자 × $\dfrac{\text{해당 과세기간 중 초과인출금의 적수}^{주)}}{\text{해당 과세기간 중 차입금의 적수}^{주)}}$

　주) 적수의 계산은 매월말 현재의 초과인출금 또는 차입금의 잔액에 경과일수를 곱하여 계산할 수 있으며 초과인출금의 적수가 차입금의 적수를 초과하는 경우 그 초과하는 부분은 없는 것으로 본다.

　※ 부채는 「소득세법」 및 「조세특례제한법」에 따라 필요경비에 산입한 충당금 및 준비금을 제외한다.

한편 이자비용이 경비처리 가능하다 하더라도 지출한 이자비용을 그대로 세금에서 차감하는 것은 아니고 본인의 세율만큼 세금에서 차감하기에 이자율은 낮을수록 유리하다. 따라서 세금을 줄이기 위해 대출을 갚지 않고 은행에 이자를 납입하는 것은 절세방법에 해당하지 않는다. 참고로 개원 전에 받은 대출에 대해서만 이자비용을 인정하는 것은 아니고 개원 후에 대출을 받더라도 자산을 한도로 한 부채의 이자비용만큼을 비용처리 한다.

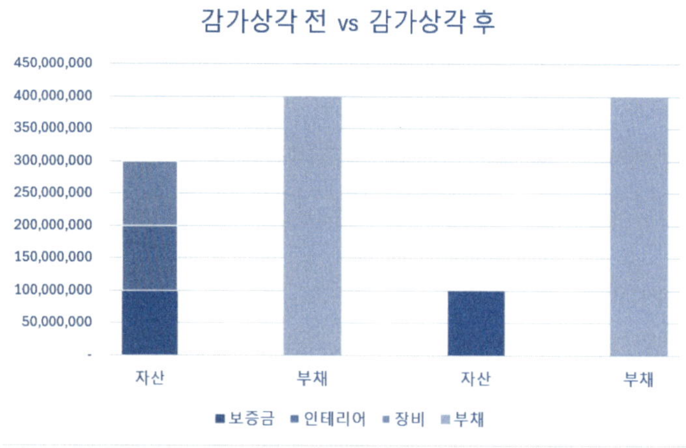



### 유사한 질문

**Q.** 지인으로부터 5억을 차용하려 한다. 이자비용을 인정받을 수 있을까?

**A.** 이자비용을 경비처리하려면 상대방에게 이자소득을 발생하였음을 신고해야 한다. 금전의 대여를 사업 목적으로 하지 아니하는 자가 개인 간에 돈을 빌려주고 받는 이자를 비영업대금의 이익이라 한다. 비영업대금에 대한 원천징수 세율을 지방소득세를 포함하여 27.5%이다. 이자를 지급한 달의 다음 달 10일까지 원천징수세액을 신고 및 납부한다.

**Q.** 신용보증기금을 통해 사업자 대출을 받았다. 보증료를 납부하게 되었는데 보증료는 어떻게 경비처리가 가능한가?

**A.** 명목상 보증료라고 불리지만 돌려받지 못하는 소멸성 지출이고 실질로 보았을 때 수수료와 같다. 보증료 역시 경비처리 가능하다.

# 10

# 기타비용 1(보험료, 임차 관련 유지비용, 수도광열비, 환자주차비 등)

### (1) 보험료

병원에 관한 보험료는 경비처리 하고 보험기간은 보통 연단위 갱신이므로 당해 처리되는 보험료는 월할계산을 한다. 예를 들어, 보험료가 연간 120만 원이고, 계약기간이 당해 7월 1일부터 다음 해 6월 30일이라면 당해에 경비로 인정되는 보험료는 6개월 분인 60만 원인 것이다.

보험료가 소멸하는 방식이 아닌 만기환급조건이 걸려 있다면 납입한 보험료 중 만기환급금에 상당하는 보험료 상당액은 자산으로 계상하고 기타의 부분은 이를 보험기간의 경과에 따라 경비처리한다.

원장 개인의 종신보험이나 변액보험, 실손보험 등의 경비처리 가능 여부에 대해 질의하는 경우가 있다. 병원에서 주로 경비처리되는 보험은 병원용 화재보험, 의료 사고를 대비한 의사손해배상공제보험, 병원용자동차보험 등이 해당한다. 이외의 보험은 병원의 사업과 무관한 경우가 많으므로 경비처리가 불가하다.

### (2) 공동관리비

건물 전체로 나온 관리비를 호실마다 배분한 고지서를 받아 관리비를 납부하고, 세금계산서나 현금영수증의 영수증 없이 지급하는 경우 고지서와 계좌이체 내역으로 경비처리 가능하다. 다만 적격증빙 미수취 가산세 2%가 발생한다. 언급한 바와 같이 적격증빙이 부족하면

세무 당국으로부터 '증명서류 과소수취 안내'라는 공문을 받을 수 있으니 꼭 적격증빙을 구비해야 한다.

| 안내항목 | 안내항목설명 |
| --- | --- |
| 증명서류<br>과소수취 안내 | 귀하의 2022년 귀속 종합소득세 신고서의 재무제표를 분석한 결과 증명서류(세금계산서, 계산서, 신용카드매출전표, 현금영수증) 수취 대상 경비와 국세청이 보유하고 있는 증명서류 자료 금액 차이가 5천만 원 이상입니다. 증명서류를 받지 않거나 사실과 다른 증명서류를 받은 경우 필요경비 불공제 또는 가산세 대상이니 올해 신고 시 증명서류 수취여부를 자세히 검토하여 신고하시기 바랍니다. |

### (3) 주차비

건물에 환자들이 사용할 주차공간이 부족해서 주변에 사설주차장을 사용하고 월 정산해서 비용을 지출하는 경우에도 환자들의 주차편의를 제공하고 지출하는 사업관련 경비에 해당하므로 경비처리 가능하다.

경비처리되는 구조는 매월 정산하여 지급하는 금액에 대한 세금계산서를 주차장으로부터 받거나 해당 주차장의 카드 단말기로 결제하는 방식이 있다. 만일 이런 내역을 받을 수 없는 경우라면 매달 주차장 측에서 보내 준 정산내역과 주차장 측에 지급한 계좌이체내역을 보관하여 경비인정을 받을 수 있다. 다만 이러한 증빙은 세금계산서나 현금영수증 신용카드매출전표와 달리 적격증빙에 해당하지 않기에 증빙불비가산세가 발생할 수 있다.

최근에 주차장이 자동화 시스템으로 변경됨에 따라 해당 주차장의 주차권을 미리 묶음으로 사뒀다가 환자들에게 지급하는 경우가 있다. 이 경우 주차권관리 대장을 작성하여 총 구입액과 수량 중 해당연도에 지급하여 사용한 주차권의 비율을 계산하여 당해 연도에 경비처리한다.

# 11

# 기타비용 2(직원기숙사비, 식대 등)

## (1) 직원기숙사비

직원 구하기가 힘들어서 복지 차원에서 또는 지역적으로 외지에 있는 경우 원활하게 직원을 구하기 위해서 직원기숙사를 제공하기도 한다. 이 경우 보증금은 추후 다시 돌려받는 돈이므로 경비처리가 되지 않고, 매달 지급하는 임차료는 경비처리 한다. 병의원의 경우 직원들의 입퇴사가 잦은 업종이다 보니 기숙사를 구하는 시점에서의 계약은 다음과 같이 크게 두 가지 상황으로 나뉜다.

### 1) 해당 직원만을 위한 기숙사

해당 직원이 갑작스레 퇴사하게 되면 남은 계약기간 동안 기숙사 임차료를 병원이 지출하는 것이 부담이 될 수 있으므로, 일반적으로는 직원 이름으로 계약한 후 보증금을 직원이 내고, 임차료를 병원이 내주는 경우가 많다.

### 2) 범용기숙사

해당 직원이 퇴사해도 다른 직원이 추가로 입사하면 거주하게 되므로 병원이 계약하고 보증금 및 임차료를 병원이 직접 지불하는 게 일반적이다.

두 경우 모두 직원과의 근로계약서에 기숙사 제공에 대한 내용을 기재하고 임대차 계약서에도 기숙사 용도임을 표시하는 것을 추천한다. 그리고 임대인에게 임차료 지급 시 병원계좌에서 이체 하여 임차료 지급내역을 보관해야한다.



**Q.** 대표원장이 아직 미혼이어서 병원 주변에 오피스텔(또는 아파트, 원룸)을 얻어 생활하며 진료를 보려 하는데 경비처리 가능한가?

**A.** 언급한 바와 같이 병원의 사업을 위해 지출하는 경비만 경비처리 가능하다. 대표원장이 진료를 보기 위해 본인이 편안히 쉴 수 있도록 월세를 지급하는 것도 병원의 사업과 관련 있지 않느냐는 의문이 있을 수 있지만, 법적으로 직원을 위한 지출만 경비처리 가능하다.

추후 과세 당국에서 원장이 거주했는지 직원이 거주했는지 어떻게 알겠느냐는 반문 하는 경우도 있다. 하지만 전입기록, 경비실 등의 증언, 직원으로부터의 증언 등으로 세무 당국은 반박자료를 준비할 수 있는 방법이 많으므로 편법으로 처리하는 것은 어렵다.

**Q.** 월세세액공제라는 게 있다는데 이건 절세에 도움이 되지 않는가?

**A.** 원장에게 본인거주 월세와 관련하여 세액절세에 가능성 있는 조항은 조세특례제한법 시행령 제95조 월세 세액공제와 조세특례제한법 제122조의3 성실사업자에 대한 의료비등 공제 3항에 있다. 해당 조문의 적용 조건은 다음과 같다.

- 조세특례제한법 시행령 제95조 '월세 세액공제'

    ① 과세기간 종료일 현재 주택을 소유하지 않은 무주택세대주일 것

    ② 일정요건을 충족하는 주택[29]을 임차하기 위해서 지급하는 월세액일 것

---

29)　1. 「주택법」 제2조 제6호에 따른 국민주택규모의 주택이거나 기준시가 4억 원 이하인 주택일 것. 이 경우 해당 주택이 다가구
　　　 주택이면 가구당 전용면적을 기준으로 한다.
　　2. 주택에 딸린 토지가 다음 각 목의 구분에 따른 배율을 초과하지 아니할 것
　　　 가. 「국토의 계획 및 이용에 관한 법률」 제6조 제1호에 따른 도시지역의 토지: 5배
　　　 나. 그 밖의 토지: 10배

③ 해당 과세기간의 총급여액이 8천만 원 이하인 근로소득이 있는 거주자(해당 과세기간에 종합소득과세표준을 계산할 때 합산하는 종합소득금액이 7천만 원을 초과하는 사람은 제외)

이 경우 월세액을 지급하는 경우 그 금액의 15%[해당 과세기간의 총급여액이 5천 500만 원 이하인 근로소득이 있는 근로자(해당 과세기간에 종합소득과세표준을 계산할 때 합산하는 종합소득금액이 4천 500만 원을 초과하는 사람은 제외한다)의 경우에는 17%]에 해당하는 금액을 해당 과세기간의 종합소득산출세액에서 공제한다. (다만, 해당 월세액이 1천만 원을 초과하는 경우 그 초과하는 금액은 없는 것으로 한다.)

- 조세특례제한법 제122조의3 '성실사업자에 대한 의료비등 공제' 3항

해당 과세연도의 종합소득과세표준에 합산되는 종합소득금액이 7천만 원 이하인 성실사업자 또는 성실신고확인대상사업자로서 성실신고확인서를 제출한 원장이 2026년 12월 31일이 속하는 과세연도까지 지급하는 경우 그 지급한 금액의 15%(해당 과세연도의 종합소득과세표준에 합산되는 종합소득금액이 4천 500만 원 이하인 성실사업자 또는 성실신고확인대상사업자로서 성실신고확인서를 제출한 경우에는 17%)에 해당하는 금액을 해당 과세연도의 소득세에서 공제한다. (다만, 해당 월세액이 1천만 원을 초과하는 경우 그 초과하는 금액은 없는 것으로 한다.) 단, 의료비등 세액공제금액과 월세세액공제금액의 합계액이 해당 과세연도의 소득세를 초과하는 경우 그 초과금액을 없는 것으로 함으로서 환급까지 해 주지는 않는다.

## (2) 직원 식대

병원 주변의 음식점과 제휴를 맺어 직원들 식사비를 월정액에 제공해 주기로 협의한 경우에는 백반집과 식사제공에 관한 계약서를 작성하고, 월정액을 카드로 결제하거나 계좌이체하고 세금계산서를 받아야 한다.

직원에게 식사를 사 주지 않고 급여에 추가해서 지급하는 경우는, 사내급식이나 이와 유사한 방법으로 제공하는 식사 기타 음식물 또는 근로자(식사 기타 음식물을 제공받지 아니하는 자에 한정)가 받는 월 20만 원 이하의 식사대는 비과세소득으로서 해당 금액만큼 직원에 대한 소득세·주민세 및 4대 보험이 부과되지 않는다.

### (3) 직원 워크샵비, 운동지원비 등

직원 워크샵 비용은 사업 관련성이 있기에 경비처리 가능하다. 이에 관한 숙소비, 차량렌트 관련 비용, 식대 등등 관련비용은 모두 경비처리 가능하다. 다만, 추후에 세무조사 시 병원과 거리가 먼 곳에서 지출한 금액에 대해 증빙을 요청받을 수 있으므로 최대한 워크샵에 대한 증거를 남겨 두는 게 좋다.

예를 들어, 플랜카드를 하나 만들어 가서 직원들과 단체로 사진을 찍은 것을 남겨 두는 것도 좋은 방법이다.

직원에 대한 운동비 지원, 재교육을 위한 학원비 및 도서구입비 지원, 워크샵 비용 등 직원을 위한 항목들은 복리후생비의 계정으로 분류하여 경비처리 가능하다. 근로계약서나 혹은 사내복지규정 등에 이에 대한 내용을 남겨 둬서 오해의 소지를 없애는 것을 추천한다.

# 12

# 기타비용 3(세미나비, 콘도 · 골프 등 각종 회원권, 폐업 시 사용되는 경비, 리스 승계)

### (1) 세미나비

원장의 진료과목과 관련되고 병원경영에 관한 세미나에 참석하는 비용은 경비처리가 되지만 병원의 경영과 무관한 세미나에 대한 참석비용은 경비처리가 되지 않는다. 예를 들어, 진료과목 관련 학회나 관련 세미나 참가비 및 기타 부수비용은 경비처리가 되지만, 개인적인 투자를 위한 부동산투자세미나 참가비는 경비처리 대상이 아니다.

### (2) 각종 회원권

골프회원권과 콘도회원권의 경비처리 여부는 취득, 보유단계에 따라 다음과 같이 구분한다.

### 1) 취득단계

회원권을 취득하여 회사의 무형자산으로 등재하는 경우 투자자산(또는 기타비유동자산)으로 처리하며 취득원가 외 중개수수료, 취득 등은 모두 취득원가에 가산한다.

### 2) 보유단계 경비처리

[소득세법 시행령 제62조 2항 2호]에 해당하는 감가상각대상 무형고정자산에 해당하지 않으므로 감가상각을 통한 경비처리는 불가하다.

업무 관련으로 회원권을 사용함에 있어 추가로 발생하는 경비에 대해서는 기업업무 추진비나 복리후생비 등으로 경비처리가 가능하다. 예를 들어 해당 콘도로 직원들 워크샵을 가서 숙소 사용비를 지급했다면 해당 지급액은 경비처리가 되는 방식이며 직원들과 같이 워크샵을 갔다는 증빙은 구비해야 한다.

### (3) 폐업 시 발생하는 비용

폐업 시 발생하는 비용(철거비 등)은 폐업신고하기 전에 사업자번호로 세금계산서를 발급받아야 한다. 폐업신고 이후에는 경비를 등록할 수 없으니 폐업신고 전에 모든 증빙을 빠짐없이 받아야 한다.

### (4) 리스 승계 시

의료기기나 차량 리스를 승계하는 경우 사업자등록 후 리스 승계를 받고 세금계산서 받으면 경비처리 가능하다.

# VII

# 소득공제와
# 세액공제

# 1

# 소득공제

종합소득세는 다음과 같은 구조로 계산하며 소득공제와 세액공제의 차이를 이해하기 위해서는 계산구조에 대한 이해가 필요하다.

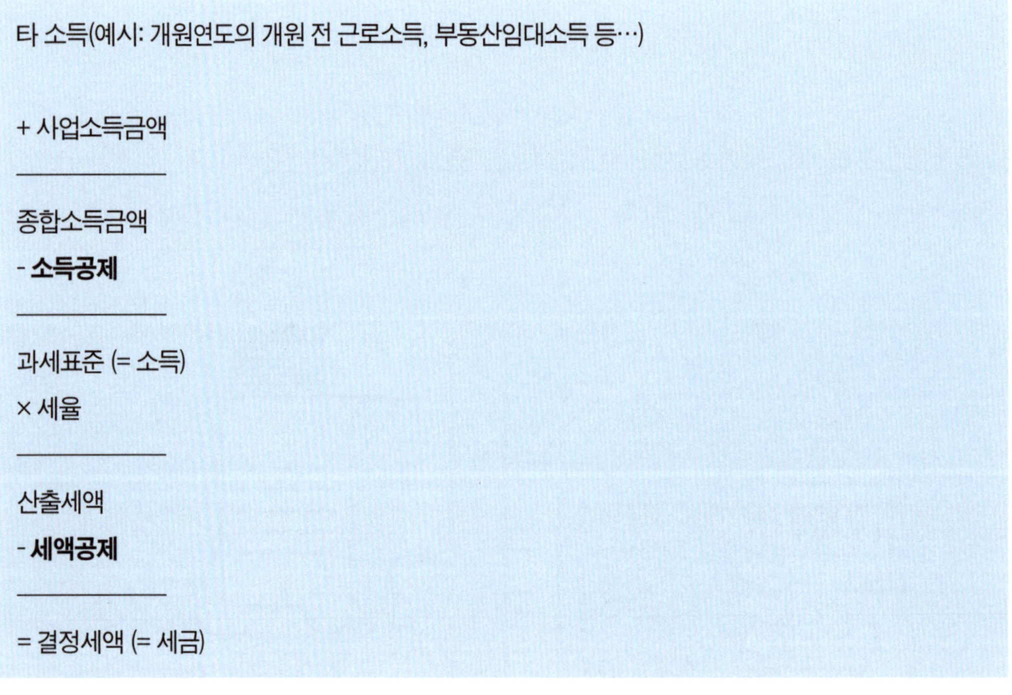


위의 계산구조에서 보이는 바와 같이 소득공제는 소득을 줄이고 세액공제는 세액을 줄이는 효과로 차이가 있다. 소득공제는 세금을 내야하는 과세소득에서 공제한 후 종합소득세율을 적용하여 세금을 산정하기에 원장이 세금을 내는 해에 적용하는 세율만큼 세액이 감소하

는 효과가 있다. 반면 세액공제는 과세하는 소득에 종합소득세율을 곱해서 세금을 산정한 다음 공제를 하기에 세액 공제액이 그대로 감소하는 효과가 있다.

예를 들어 원장의 2025년 소득에 적용되는 세율이 38%이고 소득공제를 1억 원받는 경우 1억 원의 세액이 감소하는 것이 아니라 1억에 38%를 곱한 3,800만 원의 세액이 감소한다. 반면 세액공제가 1억 원인 경우 1억 원의 세액이 그대로 감소[30]한다.

종합소득세 신고 시에 원장에게 적용되는 대표적인 공제의 구조에 대해 알아보고자 한다.

※ 소득공제 구조 ※

| 구분 | | 종류 |
|---|---|---|
| 1. 소득세법 소득공제 | (1) 인적공제 | 기본공제 및 추가공제 |
| | (2) 특별소득공제 | 건강·고용보험료공제 |
| | (3) 기타공제 | 연금보험료공제 |
| 2. 조세특례제한법 소득공제 | | 신용카드 등 사용금액에 대한 소득공제,<br>소기업·소상공인 공제부금공제(노란우산),<br>벤처투자조합 출자 등에 대한 공제 |

## (1) 인적공제

### 1) 기본공제(요건대상자 1인당 150만 원 소득공제)

기본공제 대상자는 거주자 본인과 소득요건을 충족한 배우자, 거주자(거주자와 배우자 포함) 생계를 같이 하는 부양가족 중 나이 및 소득요건을 충족하는 자가 해당한다.[31]

---

30) 설명의 편의를 위해 농어촌특별세, 최저한세 등은 고려하지 않음

31) 소득세법 제50조(기본공제)
  ① 종합소득이 있는 거주자(자연인만 해당한다)에 대해서는 다음 각 호의 어느 하나에 해당하는 사람의 수에 1명당 연 150만 원을 곱하여 계산한 금액을 그 거주자의 해당 과세기간의 종합소득금액에서 공제한다.
    1. 해당 거주자
    2. 거주자의 배우자로서 해당 과세기간의 소득금액이 없거나 해당 과세기간의 소득금액 합계액이 100만원 이하인 사람(총급여액 500만원 이하의 근로소득만 있는 배우자를 포함한다)
    3. 거주자(그 배우자를 포함한다. 이하 이 호에서 같다)와 생계를 같이 하는 다음 각 목의 어느 하나에 해당하는 부양가족

① 본인 + ② 배우자 (나이 요건 X, 소득요건 O) + ③ 부양가족 (60세↑존속 / 20세↓비속 /
60세↑20세↓ 형제자매)

| 기본공제대상자 | | 요건 | |
| --- | --- | --- | --- |
| | | 나이요건 | 소득요건 |
| 1. 해당거주자(본인) | | 없음 | 없음 |
| 2. 거주자의 배우자 | | 없음 | 다음 중 하나의 조건 만족<br>1) 해당 과세기간의 소득금액 100만 원 이하<br>2) 근로소득만 있는 자로서 총급여 500만 원 이하 |
| 3. 거주자(거주자배우자 포함)와 생계를 같이 하는[32] 부양가족 | 직계존속 | 60세 이상 | |
| | 직계비속 | 20세 이하 | |
| | 형제자매 | 20세 이하 또는 60세 이상 | |

(제51조제1항제2호의 장애인에 해당되는 경우에는 나이의 제한을 받지 아니한다)으로서 해당 과세기간의 소득금액 합계액이 100만원 이하인 사람(총급여액 500만원 이하의 근로소득만 있는 부양가족을 포함한다)

　가. 거주자의 직계존속(직계존속이 재혼한 경우에는 그 배우자로서 대통령령으로 정하는 사람을 포함한다)으로서 60세 이상인 사람

　나. 거주자의 직계비속으로서 대통령령으로 정하는 사람과 대통령령으로 정하는 동거 입양자(이하 "입양자"라 한다)로서 20세 이하(20세가 되는 날과 그 이전 기간을 말한다. 이하 이 조에서 같다)인 사람. 이 경우 해당 직계비속 또는 입양자와 그 배우자가 모두 제51조 제1항제2호에 따른 장애인에 해당하는 경우에는 그 배우자를 포함한다.

　다. 거주자의 형제자매로서 20세 이하 또는 60세 이상인 사람

　라. 「국민기초생활 보장법」에 따른 수급권자 중 대통령령으로 정하는 사람

　마. 「아동복지법」에 따른 가정위탁을 받아 양육하는 아동으로서 대통령령으로 정하는 사람(이하 "위탁아동"이라 한다)

② 제1항에 따른 공제를 "기본공제"라 한다.

③ 거주자의 배우자 또는 부양가족이 다른 거주자의 부양가족에 해당되는 경우에는 대통령령으로 정하는 바에 따라 이를 어느 한 거주자의 종합소득금액에서 공제한다.

32)　제53조(생계를 같이 하는 부양가족의 범위와 그 판정시기)

　① 제50조에 규정된 생계를 같이 하는 부양가족은 주민등록표의 동거가족으로서 해당 거주자의 주소 또는 거소에서 현실적으로 생계를 같이 하는 사람으로 한다. 다만, 직계비속ㆍ입양자의 경우에는 그러하지 아니하다.

　② 거주자 또는 동거가족(직계비속ㆍ입양자는 제외한다)이 취학ㆍ질병의 요양, 근무상 또는 사업상의 형편 등으로 본래의 주소 또는 거소에서 일시 퇴거한 경우에도 대통령령으로 정하는 사유에 해당할 때에는 제1항의 생계를 같이 하는 사람으로 본다.

　③ 거주자의 부양가족 중 거주자(그 배우자를 포함한다)의 직계존속이 주거 형편에 따라 별거하고 있는 경우에는 제1항에도 불구하고 제50조에서 규정하는 생계를 같이 하는 사람으로 본다.

　④ 제50조, 제51조 및 제59조의2에 따른 공제대상 배우자, 공제대상 부양가족, 공제대상 장애인 또는 공제대상 경로우대자에 해당하는지 여부의 판정은 해당 과세기간의 과세기간 종료일 현재의 상황에 따른다. 다만, 과세기간 종료일 전에 사망한 사람 또는 장애가 치유된 사람에 대해서는 사망일 전날 또는 치유일 전날의 상황에 따른다.

　⑤ 제50조제1항제3호 및 제59조의2에 따라 적용대상 나이가 정해진 경우에는 제4항 본문에도 불구하고 해당 과세기간의 과세기간 중에 해당 나이에 해당되는 날이 있는 경우에 공제대상자로 본다.

## 2) 추가공제

기본공제대상자 중 다음의 어느 하나에 해당하는 경우 추가공제를 받을 수 있다.

| 구분 | 요건 | 공제금액 |
| --- | --- | --- |
| 1. 경로우대공제 | 70세 이상 | 인당 100만 원 |
| 2. 장애인공제 | 장애인 | 인당 200만 원 |
| 3. 한부모공제 | 해당 거주자가 배우자가 없는 자로서 기본공제 대상자인 직계비속이 있는 경우 | 100만 원 |
| 4. 부녀자공제<br>(*3.과 중복불가) | 다음의 요건을 모두 충족하는 자<br>1) 해당 거주자가 여성이며 종합소득금액이 3,000만 원 이하<br>2) 배우자 없이 기본공제대상인 부양가족이 있는 세대주이거나 배우자가 있는 여성 | 50만 원 |

인적공제 대상자 판정기준은 다음과 같다.

| 구분 | 내용 |
| --- | --- |
| 1. 공제대상자 판정시기 | ① 원칙: 과세기간 종료일 현재의 상황으로 판정<br>② 예외:<br>a. 과세기간 종료일 전에 사망: 사망일 전일의 상황으로 판정<br>b. 과세기간 종료일 전에 장애 치유: 치유일 전일의 상황으로 판정 |
| 2. 공제대상자 나이 적용 | 부양가족공제 적용함에 있어 해당 과세기간 중에 해당 나이에 해당하는 날이 있다면 공제대상자로 인정 |

## (2) 특별소득공제[33]

근로소득이 있는 거주자(일용근로자는 제외한다.)가 해당 과세기간에 「국민건강보험법」, 「고용보험법」 또는 「노인장기요양보험법」에 따라 근로자가 부담하는 보험료를 지급한 경우 그 금액을 해당 과세기간의 근로소득금액에서 공제한다.

근로소득자(일용근로자 제외)에 한하여 적용하며 공제액은 본인의 건강·고용·노인장기

---

33) 개원 첫해에 근로소득이 있는 개원의에게 해당될 '건강·고용보험료 공제'를 중심으로 기재하였다.

요양보험료 전액이다. [34]

## (3) 기타공제[35]

- 연금보험료공제

종합소득이 있는 거주자가 연금보험료를 납입한 경우 해당 과세기간의 종합소득금액에서 그 과세기간에 납입한 연금보험료를 공제한다. 공제액은 공적연금 관련법에 따른 연금보험료 전액이다. [36] 다만, 다음에 해당하는 공제를 모두 합한 금액이 종합소득금액을 초과하는 경우 그 초과하는 금액을 한도로 연금보험료공제를 받지 않은 것으로 본다.

① 제51조제3항에 따른 인적공제

② 이 조에 따른 연금보험료공제

③ 제51조의4에 따른 주택담보노후연금 이자비용공제

④ 제52조에 따른 특별소득공제

⑤ 「조세특례제한법」에 따른 소득공제

## (4) 조세특례제한법의 소득공제

## 1) 신용카드 등 사용금액에 대한 소득공제

### 가. 공제요건

① 근로소득자(일용근로자 제외)에 한하여 적용한다.

② 근로소득이 있는 거주자가 법인 또는 개인사업자로부터 재화나 용역을 제공받고 신용카

---

34)　• 1 근로자가 부담하는 사용인 부담분을 의미하며, 사용자가 해당 부담분을 대리납부한 경우에도 해당 금액을 공제한다.
　　　• 2 개인사업자 본인의 국민연금보험료도 연금보험료공제를 적용한다.
　　　※ 연금보험료와 달리 건강/고용보험료는 근로소득자만 가능하기 때문에 근로소득이 없는 개원 2기부터는 공제불가
35)　개원의에게 해당되는 '연금보험료공제'를 중심으로 기재하였다.
36)　• 1 근로자가 부담하는 사용인 부담분을 의미하며, 사용자가 해당 부담분을 대리납부한 경우에도 해당 금액을 공제한다.
　　　• 2 개인사업자 본인의 국민연금보험료도 연금보험료공제를 적용한다.

드 등 사용금액의 연간합계액이 해당 과세연도 총 급여액의 25%를 초과하는 경우 적용한다.

개원의의 경우에는 현실적으로 근로소득이 함께 있는 첫 해에만 적용이 가능하며 추후 홈택스에서 카드사용내역을 월별로 다운받아 담당 세무대리인에게 전달해야 한다.

## 나. 신용카드 등 사용금액의 구분

| 구분 | 내용 |
|---|---|
| (1) 전통시장 사용분 | 전통시장 및 전통시장 구역 안 사용분 |
| (2) 대중교통 이용분 | 대중교통수단(노선버스, 지하철, 여객철도 등) 이용 대가 |
| (3) 문화체육 사용분 | 다음에 해당하는 금액(총급여액 7,000만 원 이하인 경우에만 포함)<br>a. 도서 · 신문 · 공연사용분<br>b. 박물관 · 미술관 · 영화상영관사용분<br>c. 체육시설이용분 [시행일: 2025. 7. 1.] |
| (4) 직불카드 등 사용분 | 직불카드, 기명식선불카드 사용분 및 현금영수증 기재분(전통시장사용분, 대중교통이용분, 문화체육 사용분에 포함된 금액은 제외) |
| (5) 신용카드 사용분 | 신용카드 사용분 (전통시장사용분, 대중교통이용분, 문화체육 사용분에 포함된 금액은 제외) |

## 다. 소득공제액 계산: ㄱ과 ㄴ 중 작은 금액을 소득공제액으로 한다.

ㄱ. 공제대상액: (A) + (B)

(A) 일반적 공제대상액

| 구분 | ① 사용금액 | ② 최저사용금액 | ③ 초과사용금액<br>(① - ②) | ④ 공제율 | ⑤ 공제대상액<br>(③ * ④) |
|---|---|---|---|---|---|
| 전통시장이용분 | | | | 40% | |
| 대중교통이용분 | | | | 40% | |
| 문화체육사용분 | | | | 30% | |
| 직불카드 등 사용분 | | | | 30% | |
| 신용카드사용분 | | | | 15% | |
| 합계 | | 총급여 * 25% | | | |

(B) 초과사용분 공제대상액: [24년 신용카드 등 사용금액 - 23년 신용카드 등 사용금액 *

105%] * 10%


ㄴ. 한도: (C) + (D)

(C) 일반한도: 250만 원 (총급여 7,000만 원 이하인 경우 300만 원)

(D) 추가한도: ① + ②

① 전통시장사용분 등 추가한도min[a, b]

a) 전통시장이용분 * 40% + 대중교통이용분 * 40% + 문화체육사용분[37] * 30%

b) 200만 원 (총급여액 7,000만 원 이하인 경우 300만 원)

② 초과사용분 추가한도: min[a, b]

a) 24년 신용카드 등 사용금액 - 23년 신용카드 등 사용금액 * 105%

b) 100만 원


**라. 신용카드 등의 사용범위: 다음에 해당하는 자를 말한다.**

① 해당 거주자(본인)

② 거주자의 배우자로서 기본공제대상자 소득요건을 충족하는 자

③ 거주자와 생계를 같이하는 직계존비속(배우자의 직계존비속 포함)으로서 소득요건

을 충족하는 자 (나이요건 미적용, 형제자매 제외)


〈대표적 사례〉

① 소득금액 100만 원 이하인 25세 직계비속이 사용한 금액 → 공제 대상

② 소득금액 100만 원 초과하는 18세 직계비속이 사용한 금액 → 공제 대상 ✕


---

37)  단, 문화체육사용분은 총급여액 7000만 원 이하인 경우에만 적용.

## 마. 공제대상 제외 사용금액: 다음의 금액은 신용카드 등 사용금액에서 제외한다.

① 건강보험료, 연금보험료 등 보험료

② 수업료, 입학금, 보육비용 기타 공납금

③ 정부 등에 납부하는 국세, 지방세, 전기료, 수도료 등

④ 상품권 등 유가증권 구입비

⑤ 리스료

⑥ 사업소득과 관련된 비용 또는 법인의 비용

⑦ 취득세 또는 등록면허세가 부과되는 재산의 구입비용

⑧ 자동차 (중고자동차 구입하는 경우 그 구입금액 중 10%는 신용카드 등 사용금액에 포함)

⑨ 면세물품의 구입비용

⑩ 외국에서의 신용카드 등 사용금액


## 2) 소기업 · 소상공인 공제부금공제(노란우산공제)[38]

거주자가 소기업 · 소상공인 공제에 가입하여 납부하는 공제부금에 대하여 그 공제부금 납부액을 해당 과세연도의 사업소득금액(또는 근로소득금액)에서 공제한다.

---

38)  제86조의3(소기업 · 소상공인 공제부금에 대한 소득공제 등)
　　① 거주자가 … 다만, 사업소득금액에서 공제하는 금액은 사업소득금액에서 「소득세법」 제45조제2항에 따른 부동산임대업의 소득금액을 차감한 금액을 한도로 한다.
　　③ 폐업 등 대통령령으로 정하는 사유가 발생하여 소기업 · 소상공인 공제에서 공제금을 지급받는 경우에는 다음 계산식에 따라 계산한 금액을 「소득세법」 제22조제1항제2호의 퇴직소득으로 보아 소득세를 부과한다. (생략)
　　　퇴직소득 = 공제금 - 실제 소득공제받은 금액을 초과하여 납입한 금액의 누계액
　　④ 폐업 등 대통령령으로 정하는 사유가 발생하기 전에 소기업 · 소상공인 공제계약이 해지된 경우에는 다음의 계산식에 따라 계산한 금액을 「소득세법」 제21조에 따른 기타소득으로 보아 소득세를 부과한다. 다만, 해외이주 등 대통령령으로 정하는 사유로 해지된 경우에는 제3항을 적용한다.
　　　기타소득 = 해지로 인하여 받은 환급금 - 실제 소득공제받은 금액을 초과하여 납입한 금액의 누계액 (생략)
　　⑦ 제4항에 따른 소득세는 소기업 · 소상공인 공제계약의 해지로 인하여 소기업 · 소상공인 공제 가입자가 받는 환급금을 한도로 한다.
　　⑧ 소기업 · 소상공인 공제 가입자에 대한 소득공제 방법 및 절차 등에 관하여 필요한 사항은 대통령령으로 정한다.

| 구분 | 내용 |
| --- | --- |
| 1. 공제대상자 | ① 사업자<br>② 법인의 대표자로서 해당 과세기간의 총급여가 8,000만 원 이하인 자 |
| 2. 소득공제액 | 소득공제 = Min[(1), (2)]<br>(1) 납부액중 공제대상액<br><br>$$Min[①, ②] * (1 - \frac{부동산임대업\ 소득금액}{사업(근로)소득금액})$$<br><br>① 소기업·소상공인 공제부금 납부액<br>② 한도 |

| 해당 과세연도의 사업(근로)소득금액 | 공제한도 |
| --- | --- |
| 4,000만 원 이하 | 600만 원 |
| 4,000만 원 초과 1억 원 이하 | 400만 원 |
| 1억 원 초과 | 200만 원 |

(2) 소득금액 한도: 사업소득금액 - 부동산임대업 소득금액

※ 노란우산공제 가입방법 ※

1. 노란우산공제(https://www.8899.or.kr) → 가입 및 납부안내 → 가입방법

2. 3가지 방법(은행 모바일앱/공제상담사 방문/인터넷 홈페이지) 중 한 방법으로 가입한다.

**가입방법**

청약서를 작성 후 부금납부를 자동이체로 하기 위한 예금 계좌를 지정하여 청약금(1회 부금)을 납입해야만 가입이 정상적으로 완료됩니다.

| 콜센터 상담 | 은행지점 방문 /<br>은행 모바일 앱 | 공제상담사 | 인터넷 가입 | 중소기업 중앙회<br>방문 |
| --- | --- | --- | --- | --- |
| 중소기업중앙회 통합콜센터에 전화하거나 상담신청을 남기면 전문상담원이 상세한 가입방법을 안내해 드립니다. (전화로 직접 가입은 불가합니다.) 상담전화 **1666-9988** | 가까운 은행지점 혹은 은행 모바일 앱에서도 노란우산에 가입할 수 있습니다. 지점 : 국민, 기업, 농협, 신한, 우리, 하나, 경남, 광주, 대구, 부산, 전북, 제주(은행), 우정사업본부, 새마을금고중앙회, 수협중앙회 모바일 앱 : 신한, 우리, 하나, 토스뱅크, 대구 | 전문 공제상담사가 직접 방문하여 가입을 안내해 드립니다. | 공인인증서를 통한 로그인 후 간편하게 가입할 수 있습니다. 인터넷 가입 신청 | 중소기업중앙회 본부, 지역본부, 지부 등 가까운 사무소를 방문하여 가입할 수 있습니다. 본부/지역본부 안내 |

### 3) 벤처투자조합 출자 등에 대한 공제[39)]

거주자가 벤처투자조합 등에 출자 또는 투자하는 경우 그 출자일 또는 투자일이 속하는 과세연도의 종합소득금액에서 공제한다.

출자일 또는 투자일이 속하는 과세연도부터 출자 또는 투자 후 2년이 되는 날이 속하는 과세연도까지 1과세연도를 선택하여 공제시기 변경을 신청하는 경우에는 신청한 과세연도의 종합소득금액에서 공제할 수 있다.

다만, 출자일 또는 투자일부터 3년이 지나기 전에 투자금을 회수 하는 경우 이미 공제받은 소득금액에 해당하는 세액을 추징한다.

---

39)    조세특례제한법 제16조 (벤처투자조합 출자 등에 대한 소득공제)

① 거주자가 다음 각 호의 어느 하나에 해당하는 출자 또는 투자를 하는 경우에는… (생략) 종합소득금액에서 공제(거주자가 출자일 또는 투자일이 속하는 과세연도부터 출자 또는 투자 후 2년이 되는 날이 속하는 과세연도까지 1과세연도를 선택하여 대통령령으로 정하는 바에 따라 공제시기 변경을 신청하는 경우에는 신청한 과세연도의 종합소득금액에서 공제)한다. 다만, 타인의 출자지분이나 투자지분 또는 수익증권을 양수하는 방법으로 출자하거나 투자하는 경우에는 그러하지 아니하다.
  1. 벤처투자조합, 민간재간접벤처투자조합, 신기술사업투자조합 또는 전문투자조합에 출자하는 경우
  2. 대통령령으로 정하는 벤처기업투자신탁(이하 이 조에서 "벤처기업투자신탁"이라 한다)의 수익증권에 투자하는 경우
  3. 개인투자조합에 출자한 금액을 벤처기업 또는 이에 준하는 창업 후 3년 이내의 중소기업으로서 대통령령으로 정하는 기업(이하 이 조 및 제16조의5에서 "벤처기업등"이라 한다)에 대통령령으로 정하는 바에 따라 투자하는 경우
  4. 「벤처기업육성에 관한 특별법」에 따라 벤처기업등에 투자하는 경우
  5. 창업·벤처전문사모집합투자기구에 투자하는 경우
  6. 「자본시장과 금융투자업에 관한 법률」 제117조의10에 따라 온라인소액투자중개의 방법으로 모집하는 창업 후 7년 이내의 중소기업으로서 대통령령으로 정하는 기업의 지분증권에 투자하는 경우

② 제1항 각 호 외의 부분 본문에 따라 소득공제를 적용받은 거주자가 출자일 또는 투자일부터 3년이 지나기 전에 다음 각 호의 어느 하나에 해당하게 되면 그 거주자의 주소지 관할 세무서장, 원천징수의무자 또는 벤처기업투자신탁을 취급하는 금융기관은 대통령령으로 정하는 바에 따라 거주자가 이미 공제받은 소득금액에 해당하는 세액을 추징한다. 다만, 출자자 또는 투자자의 사망이나 그 밖에 대통령령으로 정하는 사유로 인한 경우에는 그러하지 아니하다.
  1. 제1항제1호 및 제5호에 따른 출자지분 또는 투자지분을 이전하거나 회수하는 경우
  2. 제1항제2호에 규정된 벤처기업투자신탁의 수익증권을 양도하거나 환매(還買, 일부환매를 포함한다)하는 경우
  3. 제1항제3호, 제4호 및 제6호에 규정된 출자지분 또는 투자지분을 이전하거나 회수하는 경우

③ 제1항에 따른 소득공제는 투자 당시에는 같은 항 제3호·제4호 또는 제6호에 따른 기업에 해당하지 아니하였으나, 투자일부터 2년이 되는 날이 속하는 과세연도까지 같은 항 제3호·제4호 또는 제6호에 따른 기업에 해당하게 된 경우에도 적용한다.
  (생략)

- 소득공제액 = Min[①, ②]

① 공제대상 출자/투자금액 * 공제율

※ 공제율 ※

| 구분 | | 공제율 |
|---|---|---|
| (1) 간접투자 | ① 벤처투자조합, 민간재간접벤처투자조합, 신기술사 업투자조합 또는 전문투자조합에 출자하는 경우<br>② 벤처기업투자신탁의 수익증권에 투자하는 경우<br>③ 창업, 벤처전문 사모집합투자기구에 투자하는 경우 | 10% |
| (2) 직접투자 | ④ 개인투자조합에 출자한 금액을 벤처기업 등에 투자 하는 경우<br>⑤ 벤처기업 등에 투자하는 경우 | 3,000만 원 이하분: 100%<br>3,000만 원 초과 5,000만 원 이하분: 70%<br>5,000만 원 초과분: 30% |

② 해당 과세기간의 종합소득금액 * 50%

〈적용방법〉

① 벤처인증을 받은 기업에 투자해야 한다.

　- 기업 조회 홈페이지

　　https://www.smes.go.kr/venturein/pbntc/searchVntrCmp

② 아래와 같은 출자확인서를 발급받아 종합소득세 신고 전 세무대리인에게 제출해야한다.

# 출자 또는 투자확인서

※ [ ]에는 해당되는 곳에 "√"표시를 하시기 바랍니다.

<table>
<tr><td rowspan="2">출자자<br>(투자자)</td><td colspan="3">① 성 명</td><td colspan="2">② 생년월일</td></tr>
<tr><td colspan="5">③ 주 소<br><br>(☎ :          )</td></tr>
<tr><td rowspan="4">제출처</td><td rowspan="2">[ ]원천징수<br>의무자</td><td colspan="2">④ 법인명(상호)</td><td colspan="2"></td></tr>
<tr><td colspan="2">⑤ 대표자(성명)</td><td colspan="2">⑥ 사업자등록번호</td></tr>
<tr><td rowspan="1">[ ]납세자조합</td><td colspan="4">⑦ 소재지(주소)</td></tr>
<tr><td>[ ]세무서장</td><td colspan="4">⑧ 주소지관할서             세무서장</td></tr>
<tr><td>투자조합관리자등</td><td colspan="5">⑨ 법인명(상호)<br><br>(☎ :          )</td></tr>
</table>

### 출자(투자)금액명세

| ⑩ 출자일<br>(투자일) | 출자(투자)내역 | | | | | 벤처기업투자내역 | | |
|---|---|---|---|---|---|---|---|---|
| | 투자조합(위탁회사) 또는 투자신탁 | | | | ⑮ 출자금<br>액<br>(투자금액) | ⑯ 투자일 | ⑰ 투자기업명 | ⑱ 투자금액 |
| | ⑪ 투자<br>구분 | ⑫ 조합명<br>(위탁회사명) 또는<br>투자신탁명 | ⑬ 계좌<br>번호 | ⑭ 출자<br>총액 | | | | |
| .   . |  |  |  |  |  | .   . |  |  |
| .   . |  |  |  |  |  | .   . |  |  |
| .   . |  |  |  |  |  | .   . |  |  |
| 계 |  |  |  |  |  | 계 |  |  |

「조세특례제한법 시행령」 제14조제6항에 따라 위와 같이 출자(투자)하였음을 확인합니다.

년     월     일

확인자                        (서명 또는 인)

**세무서장** 귀하

---

### 작 성 방 법

1. ⑪ 투자 구분란은 벤처 등(「조세특례제한법」 제16조제1항제3호·제4호·제6호)과 조합 등(「조세특례제한법」 제16조제1항제1호·제2호·제5호)으로 구분하여 적습니다.

2. 벤처기업투자신탁의 수익증권에 투자하는 경우에는 ⑭란은 적지 않습니다.

3. ⑯ ~ ⑱란은 개인투자조합·개인이 벤처기업에 투자한 내역을 적습니다.

# 세액공제

## (1) 자녀세액공제[40]

종합소득이 있는 거주자의 기본공제대상자에 해당하는 자녀(입양자 및 위탁아동을 포함하며, 이하 "공제대상자녀"라 한다) 및 손자녀로서 8세 이상의 사람에 대해서는 다음에 따른 금액을 종합소득산출세액에서 공제한다.

① 1명인 경우: 연 25만 원
② 2명인 경우: 연 55만 원
③ 3명 이상인 경우: 연 55만 원과 2명을 초과하는 1명당 연 40만 원을 합한 금액

해당 과세기간에 출산하거나 입양 신고한 공제대상자녀가 있는 경우 다음 각 호의 구분에 따른 금액을 종합소득산출세액에서 공제한다.

1. 출산하거나 입양 신고한 공제대상자녀가 첫째인 경우: 연 30만 원
2. 출산하거나 입양 신고한 공제대상자녀가 둘째인 경우: 연 50만 원
3. 출산하거나 입양 신고한 공제대상자녀가 셋째 이상인 경우: 연 70만 원

---

40) 소득세법 제59조의 2 [자녀세액공제]

<예시>

신고하는 과세기간에 첫아이가 태어났다면 연 30만 원을 공제받을 수 있다.

신고하는 과세기간에 둘째 아이가 태어났다면, 첫째 아이의 나이에 따라 세액공제의 금액은 달라진다.

## (2) 연금계좌세액공제

종합소득이 있는 거주자가 연금계좌에 납입한 금액[41] 중,

① 제146조 제2항에 따라 소득세가 원천징수되지 아니한 퇴직소득 등 과세가 이연된 소득
② 연금계좌에서 다른 연금계좌로 계약을 이전함으로써 납입되는 금액

을 제외한 금액(이하 "연금계좌 납입액"이라 한다)이 해당 과세기간에 종합소득과세표준을 계산할 때 합산하는 종합소득금액이 4천 500만 원 이하(근로소득만 있는 경우에는 총급여액 5천 500만 원 이하)인 거주자에 대해서는 15%, 그 외는 12% 에 해당하는 금액을 해당 과세기간의 종합소득산출세액에서 공제한다.

다만 연금계좌 중 연금저축계좌에 납입한 금액이 연 600만 원을 초과하는 경우에는 그 초과하는 금액은 없는 것으로 하고, 연금저축계좌에 납입한 금액 중 600만 원 이내의 금액과 퇴직연금계좌에 납입한 금액을 합한 금액이 연 900만 원을 초과하는 경우에는 그 초과하는 금액은 없는 것으로 한다.

---

41)  소득세법 제59조의 3
   (생략)
   ③「조세특례제한법」제91조의 18에 따른 개인종합자산관리계좌의 계약기간이 만료되고 해당 계좌 잔액의 전부 또는 일부를 대통령령으로 정하는 방법으로 연금계좌로 납입한 경우 그 납입한 금액(이하 이 조에서 "전환금액"이라 한다)을 납입한 날이 속하는 과세기간의 연금계좌 납입액에 포함한다. (2019. 12. 31. 신설)
   ④ 전환금액이 있는 경우에는 제1항 각 호 외의 부분 단서에도 불구하고 같은 항을 적용할 때 전환금액의 100분의 10 또는 300만 원(직전 과세기간과 해당 과세기간에 걸쳐 납입한 경우에는 300만 원에서 직전 과세기간에 적용된 금액을 차감한 금액으로 한다) 중 적은 금액과 제1항 각 호 외의 부분 단서에 따라 연금계좌에 납입한 금액으로 하는 금액을 합한 금액을 초과하는 금액은 없는 것으로 한다. (2019. 12. 31. 신설)

| 총급여액<br>(종합소득금액) | 세액공제 대상 납입한도<br>(연금저축 납입한도) | 세액공제율<br>(주민세 포함시) |
| --- | --- | --- |
| 5,500만 원 이하<br>(4,500만 원) | 900만 원<br>(600만 원) | 15%<br>(16.5%) |
| 5,500만 원 초과<br>(4,5000만 원) | | 12%<br>(13.2%) |

〈예시 1〉

A원장은 종합소득금액 8,000만 원으로 연금저축계좌에 700만 원, 퇴직연금계좌에 200만 원 납입하였다. (총 900만 원 납입)

→ 납입액 한도적용: min(① 납입액 700만 원, ② 한도600만 원) + 200만 원 = 800만 원

→ 세액공제 효과(주민세 포함): 800만 원 × 13.2% = 105.6만 원

〈예시 2〉

B원장은 종합소득금액 8,000만 원으로 연금저축계좌에 500만 원, 퇴직연금계좌에 300만 원 납입하였다. (총 800만 원 납입)

→ 납입액 한도적용: min(① 납입액 500만 원, ② 한도600만 원) + 300만 원 = 800만 원

→ 세액공제 효과(주민세 포함): 800만 원 × 13.2% = 105.6만 원

〈예시 3〉

C 원장은 종합소득금액 8,000만 원으로 연금저축계좌에 0원, 퇴직연금계좌에 900만 원 납입하였다. (총 900만 원 납입)

→ 납입액 한도적용: min(① 납입액 0원, ② 한도600만 원) + 900만 원 = 900만 원

→ 세액공제 효과(주민세 포함) : 900만 원 × 13.2% = 118.8만 원

A 원장과 B 원장은 납입액은 다르나 한도 적용으로 세액공제 효과는 동일하다. 따라서 납

입액 한도를 확인하여 납입액을 결정하는 것이 중요하다.

　　C 원장과 같이 연금저축계좌에 불입하지 않고 퇴직연금계좌에만 한도까지 불입하는 방법도 가능하다.

## (3) 특별세액공제

　　보험료세액공제, 의료비세액공제, 교육비세액공제, 기부금세액공제와 같은 특별세액공제는 대체로 근로소득자에게 적용한다. 근로소득이 없는 경우에는 해당 혜택을 적용받을 수 없으나 본서는 개원을 준비하는 의사를 주 독자로 보기에 일반적으로 개원 첫해에 개원 전 근로소득이 같이 있다고 가정하여 해당 사항을 기술하고자 한다. 또한 병의원의 경우 연간 매출이 5억 이상 되는 성실신고대상자에 속한다면 특별세액공제를 적용받을 수 있는데 현실적으로 바로 첫해부터는 아닐지라도 만 1년 이상 개원하며 진료를 보면 대부분 연매출 5억이 넘어가기에 해당 세액공제를 이해하고 있는 것이 좋다.

| 근로소득이 있는 경우 | | Max[13만 원, '보험 + 의료 + 교육 + 기부금세액공제'] |
|---|---|---|
| 근로소득이 없는 경우<br>(사업소득만 있는자) | 성실신고확인대상사업자 | 의료 + 교육 + 월세 + 기부금[42] 세액공제 |
| | 그 외 | 7만 원 |

### 1) 보험료세액공제

　　근로소득이 있는 거주자가 해당 과세기간에 보장성 보험(만기에 환급되는 금액이 납입보험료를 초과하지 않는 보험)의 보험계약에 따라 보험계약을 지급하는 경우 적용하는 세액공제이다.

#### 가. 세액공제액 : ① × 15% + ② × 12%

　　① 장애인전용 보장성보험료(연 100만 원 한도)

---

42)　성실신고확인대상사업자의 경우 높은 세율로 인해 기부금은 경비처리가 유리한 경우가 대부분이므로 보통 필요경비로 산입하고 세액공제를 받지 않는다고 알아 두자.

② 일반 보장성보험료(연 100만 원 한도)

**나. 내용 : 보험기간과 관계없이 납입 시점으로 공제**

① 일반 보장성보험료

기본공제대상자를 피보험자로 하는 다음 중 어느 하나에 해당하는 보험의 보험료

- 생명보험

- 상해보험

- 화재, 도난이나 그 밖의 손해를 담보하는 가계에 관한 손해보험

- 주택 임차보증금의 반환을 보증하는 것을 목적으로 하는 보험(단, 보증대상 임차보

  증금이 3억 원을 초과하는 경우는 제외) 등.

② 장애인전용 보장성보험료

기본공제대상자 중 장애인을 피보험자 또는 수익자로 하는 장애인 전용보험으로서

상기 가~라에 해당하는 보험의 보험료

## 2) 의료비세액공제

근로소득이 있는 거주자(또는 개원의의 경우 연 매출 5억 이상의 성실신고대상자)가 기본

공제대상자(나이 및 소득의 제한을 받지 않는다)를 위하여 해당 과세기간에 대통령령으로 정

하는 의료비를 지급한 경우 지급금액에 일정비율에 해당하는 금액을 해당 과세기간의 종합

소득산출세액에서 공제한다. 단, 총급여액(성실신고확인서 제출 사업자의 경우 사업소득금

액으로 병원의 순이익 개념이다)의 3%에 미달하는 경우에는 그 미달하는 금액을 뺀다. 즉, 총

급여액의 3%넘게 사용해야 공제 해준다는 의미이다.

### 가. 15% 적용

ㄱ. 기본공제대상자를 위하여 지급한 의료비로서 총급여액(성실신고 대상 사업자의 경

   우 사업소득금액)에 3%를 금액을 초과하는 금액. 다만, 그 금액이 연 700만 원을 초

과하는 경우에는 연 700만 원으로 한다.

ㄴ. 다음 어느 하나에 해당하는 사람을 위하여 지급한 의료비. 다만, ㄱ.의 의료비가 총급
   여액에 3% 곱하여 계산한 금액에 미달하는 경우에는 그 미달하는 금액을 뺀다.
   a. 해당 거주자
   b. 과세기간 개시일 현재 6세 이하인 사람
   c. 과세기간 종료일 현재 65세 이상인 사람
   d. 장애인
   f. 대통령령으로 정하는 중증질환자, 희귀난치성질환자 또는 결핵환자

## 나. 20% 세액공제 적용

대통령령으로 정하는 미숙아 및 선천성이상아를 위하여 지급한 의료비. 다만, 의료비 합계
액이 총급여액에 3% 곱하여 계산한 금액에 미달하는 경우에는 그 미달하는 금액을 뺀다.

## 다. 30% 세액공제 적용

대통령령으로 정하는 난임시술(이하 "난임시술"이라 한다)을 위하여 지출한 비용(난임시술
과 관련하여 처방을 받은 「약사법」 제2조에 따른 의약품 구입비용을 포함한다). 다만, '가 + 나
+ 다'까지의 의료비 합계액이 총급여액에 3%를 곱하여 계산한 금액에 미달하는 경우에는 그
미달하는 금액을 뺀다.

- 요약
  본인뿐만 아니라, 배우자, 부모, 자녀 등을 위해 지급한 의료비 모두 대상이다. 미용 목적
  의료비는 불가능하며, 치료 목적 의료비, 안경비, 보청기, 산후조리원에 지급한 대가 등
  이 해당한다.

<예시>

근로자의 경우 총급여(성실신고확인서 제출 사업자의 경우 사업소득금액): 1억 원

의료비: 500 만 원 (한도 이내 금액으로 가정함)

풀이: ( 500만 원 - 1억 × 3%) × 15% = 30만 원


## 3) 교육비세액공제

기본공제대상자인 직계비속 등[43]을 위하여 지급한 교육비를 합산한 금액의 15%에 해당하는 금액을 해당 과세기간의 종합소득 산출세액에서 공제한다.

다만, 대학원에 지급하거나 직계비속 등이 학자금 대출을 받아 지급하는 교육비는 제외하며(거주자 본인의 대학원은 공제가능), 대학생인 경우에는 1명당 연 900만 원, 초등학교 취학 전 아동과 초·중·고등학생인 경우에는 1명당 연 300만 원을 한도로 한다.

인정되는 교육기관은 다음과 같다.

① 「학점인정 등에 관한 법률」 제3조 및 「독학에 의한 학위취득에 관한 법률」 제5조제1항에 따른 과정 중 대통령령으로 정하는 교육과정,

② 대통령령으로 정하는 국외교육기관(국외교육기관의 학생을 위하여 교육비를 지급하는 거주자가 국내에서 근무하는 경우에는 대통령령으로 정하는 학생만 해당한다)에 지급한 교육비,

③ 초등학교 취학 전 아동을 위하여 「영유아보육법」에 따른 어린이집, 「학원의 설립·운영 및 과외교습에 관한 법률」에 따른 학원 또는 대통령령으로 정하는 체육시설에 지급한 교육비(학원 및 체육시설에 지급하는 비용의 경우에는 대통령령으로 정하는 금액만 해당한다)

④ 기본공제대상자인 장애인(소득의 제한을 받지 아니한다)을 위하여 다음 각 목의 어느

---

[43] 배우자·직계비속·형제자매·입양자 및 위탁아동.

하나에 해당하는 자에게 지급하는 대통령령으로 정하는 특수교육비

a. 대통령령으로 정하는 사회복지시설 및 비영리법인

b. 장애인의 기능향상과 행동발달을 위한 발달재활서비스를 제공하는 대통령령으로 정하는 기관

c. 가목의 시설 또는 법인과 유사한 것으로서 외국에 있는 시설 또는 법인

**유사한 질문**

**Q.** 부모님이 대학교 다니시는데, 공제가능한가?

**A.** 장애인교육비가 아닐 경우, 부모님의 교육비는 공제 불가능.

**Q.** 자녀학원비는 공제 가능한가?

**A.** 초등학교 취득 전 아동에 한하여 법률에 따른 학원비가 한도 안에서 가능.

## 4) 기부금세액공제

근로소득자의 경우 기부금은 세액공제[44]가 적용되나, 사업소득자의 경우 필요경비로 처리가 가능하기 때문에 이에 대한 내용은 아래 내용에서 후술하기로 한다.

## (4) 기부금

## 1) 기부금 공제순서

① 정치자금기부금 → 특례기부금 → 우리사주조합기부금 → 종교단체 외 일반기부금 → 종교단체 일반기부금 순서로 공제

② 이월된 세액공제분 중에서는 기부연도가 빠른 것부터 공제

---

44)　• 정치자금기부금 : 10만 원 이하 100/110, 10만 원 초과 15%, 3천만 원 초과 25%

• 고향사랑기부금 : 10만 원 이하 :100/110, 10만 원 초과 :15%

• 특례, 우리사주조합, 일반기부금: 15%(1천만 원초과:30%)

③ 당해연도 기부금 공제

이월공제[45] 되는 기부금에 대해서는 기본공제대상자가 변동 되더라도 공제 가능하다.

| 구분 | 공제 대상 |
| --- | --- |
| 정치자금기부금 | 근로소득자가 정치자금법에 따라 정당(후원회 및 선거관리위원회 포함)에 기부한 정치자금 |
| 고향사랑기부금<br>(2023년 신설) | 거주자가 「고향사랑 기부금에 관한 법률」에 따라 기부한 고향사랑 기부금 |
| 특례기부금 | ① 국가ㆍ지방자치단체(지방자치단체조합 포함)에 기부한 금품<br>→ 기부금품의 모집 및 사용에 관한 법률을 적용받는 기부금품은 같은 법 제5조제2항에 따라 접수하는 것만 해당<br>→ 개인이 법인 또는 다른 개인에게 자산을 기증하고 수증자가 이를 받은 후 지체 없이 다시 국가나 지방자치단체에 기증한 금품의 가액 포함<br><br>② 국방헌금과 위문금품<br>→ 향토예비군에 직접 지출하거나 국방부장관의 승인을 얻은 기관 또는 단체를 통해 지출하는 기부금 포함<br><br>③ 천재지변(재난 및 안전관리 기본법 제60조에 따라 특별재난지역으로 선포된 경우 그 선포의 사유가 된 재난 포함)으로 생긴 이재민 구호금품<br><br>④ 특별재난지역 복구를 위한 자원봉사용역의 가액<br>→ 특별재난지역 자원봉사용역 외의 인적용역으로 기부한 경우 기부금 공제대상 아님<br><br>⑤ 「사립학교법」에 의한 사립학교 등 교육기관에 장학금, 연구비, 시설비, 교육비로 지출하는 기부금<br><br>⑥ 국립대학병원에 연구비, 시설비, 교육비로 지출하는 기부금<br><br>⑦ 사회복지사업, 그 밖의 사회복지활동의 지원에 필요한 재원을 모집ㆍ배분하는 것을 주된 목적으로 하는 비영리법인으로서 법정 요건을 갖춘 법인에 지출하는 기부금 |
| 우리사주조합<br>기부금 | 우리사주조합기부금 |

---

45)  정치자금기부금, 우리사주조합기부금은 이월공제 배제.

| 일반(지정)기부금 中<br>종교단체 外 | ① 일반기부금단체 등의 고유목적사업비로 지출하는 기부금<br><br>② 영유아보육법에 따른 어린이집(2018.2.13.이후)·유치원·초등학교·중학교·고등학교·대학교·기능대학·전공대학 형태의 평생교육시설 및 원격대학 형태의 평생교육시설의 장이 추천하는 개인에게 교육비·연구비 또는 장학금으로 지출하는 기부금<br><br>③ 상속세 및 증여세법시행령 제14조 각호의 요건을 갖춘 공익신탁으로 신탁하는 기부금<br><br>④ 사회복지·문화·예술·교육·종교·자선·학술 등 공익목적으로 지출하는 기부금으로서 기획재정부령이 정하는 기부금<br><br>⑤ 무료 또는 실비로 이용할 수 있는 사회복지시설 및 기관에 기부하는 금품<br><br>⑥ 일정요건을 갖춘 비영리 외국법인 등 또는 국제기구로서 주무관청의 추천을 받아 기획재정부장관이 지정하는 비영리외국법인 또는 국제기구(해외 일반기부금단체 등)에 대하여 지출하는 기부금<br>→ 2011.3.31. 이후 최초로 지정하는 일반기부금단체 등 또는 해외일반기부금단체등에 지출하는 기부금부터 적용<br>→ 지정일이 속하는 연도의 1.1.부터 6년간 지출하는 기부금을 공제<br><br>⑦ 영업자가 조직한 단체로서 법인이거나 주무관청에 등록된 조합 또는 협회에 지급한 회비 중 특별회비와 조합 또는 협회외의 임의로 조직된 조합 또는 협회에 지급한 회비 (2018.2.13. 이후 기부분부터는 해당안됨)<br><br>⑧ 노동조합·교원 노동조합·공무원 노동조합·교원단체·공무원직장협의회의 회비<br>→ 2023년 10월분부터는 노동조합이 노동조합 회계공시 시스템에 전년 결산결과를 공시한 경우에만 노동조합의 조합원에 대하여만 노동조합·산하조직에 납부한 조합비 공제 가능<br><br>⑨ 공익신탁기부금<br><br>⑩ 기부금대상민간단체에 지출하는 기부금<br>→ 기부금대상민간단체 지정일이 속하는 연도의 1.1.부터 5년간 지출한 기부금<br><br>⑪ 공공기관 또는 법률에 따라 직접 설립된 기관(2018년 이후 기부분) (기재부 고시로 지정) |
| 일반기부금 中<br>종교단체 | 종교의 보급, 교화를 목적으로 민법 제32조에 따라 문화체육관광부장관 또는 지방자치단체장의 허가를 받아 설립한 비영리법인(그 소속단체 포함)의 고유목적사업비로 지출하는 기부금 |

## 2) 공제대상 기부금의 종류

## 3) 적용방법

사업소득이 있는 거주자가 지급한 기부금은 필요경비에 산입할 수 있으며, 그 한도액은 다음과 같다.

ㄱ. 종교단체 기부금이 있는 경우

필요경비 산입한도액

= [{ A - ( B + C ) } × 100분의 10 ] + [ { A - ( B + C ) } × 100분의 20과 종교단체 외에 기부한 금액 중 적은 금액 ]

　　A: 기부금을 필요경비에 산입하기 전의 해당 과세기간의 소득금액(이하 "기준소득금액"이라 함)

　　B: 「소득세법」 제34조제2항에 따라 필요경비에 산입하는 기부금

　　C: 「소득세법」 제45조에 따른 이월결손금(이하 "이월결손금"이라 함)

ㄴ. 종교단체 기부금이 없는 경우

필요경비 산입한도액

= [ A - ( B + C ) ] × 100분의 3

　　A: 기준소득금액

　　B: 「소득세법」 제34조제2항에 따라 필요경비에 산입하는 기부금

　　C: 이월결손금

사업자가 해당 과세기간에 지출하는 기부금 중 기부금의 필요경비 한도액을 초과하여 필요경비에 산입하지 않은 기부금의 금액(종합소득세 신고 시 세액공제를 적용받은 기부금의 금액은 제외)은 해당 과세기간의 다음 과세기간 개시일부터 10년 이내에 끝나는 각 과세기간에

이월하여 필요경비에 산입할 수 있다.

## 4) 정치자금 기부 시 세제혜택

「정치자금법」에 따라 정치자금을 기부한 개인은 이를 지출한 해당 과세연도의 소득금액에서 10만 원까지는 그 기부금액의 110분의 100을, 10만 원을 초과한 금액에 대해서는 해당 금액의 100분의 15(해당 금액이 3천만 원을 초과하는 경우 그 초과분에 대해서는 100분의 25)에 해당하는 금액을 종합소득산출세액에서 공제하고, 「지방세특례제한법」에 따라 그 공제금액의 100분의 10에 해당하는 금액을 해당 과세연도의 개인지방소득세 산출세액에서 추가로 공제받을 수 있다.

다만, 사업자인 거주자가 정치자금을 기부한 경우 10만 원을 초과한 금액에 대해서는 이월결손금을 뺀 후의 소득금액의 범위에서 경비에 산입한다.

익명기부, 후원회 또는 소속 정당 등으로부터 기부받거나 지원받은 정치자금을 당비로 납부하거나 후원회에 기부하는 경우에는 세제혜택을 받을 수 없다.

〈주의〉 정치자금세액공제은 본인명의로 기부해야 적용 가능하다.

서면인터넷방문상담1팀-207 참고.

「조세특례제한법」상 정치자금의 손금산입특례 등의 규정은 거주자가 「정치자금법」에 따라 정당(동법에 의한 후원회 및 선거관리위원회를 포함)에 본인명의로 기부한 정치자금에 한하여 적용 되는 것임.

〈사례〉

세율 40%가 적용되는 병원장이 정당에 500만 원을 기부한 경우 세금절세효과는 얼마인가?

풀이:

세액공제: 10만 원 × 100/110 = 90,909원 (지방세 약 9천 원)

비용처리: 490만 원 × 40% = 196만 원 (지방세 19.6만 원)

10만 원까지는 세액공제를 적용하고 잔여 490만 원은 비용처리하여 지방세 포함하여 약 225만 원 정도의 세금을 절세할 수 있다.


## 5) 제출서류

- 기부금 명세서와 기부금영수증 또는 연말정산간소화자료

  → 전년도에 이월된 기부금이 있고 이월공제 받기 위해서는 전년도 기부금명세서를 제출해야 하나 계속 근로자는 제출하지 않음.

  → 기부금 자료제출은 의무사항 아니기 때문에 국세청에서 제공하지 않을 경우 기부금영수증 제출해야 함.

  → 개별 종교단체기부금은 기부금영수증 외 소속(종파)증명서나 법인설립허가증 첨부 (총회 또는 중앙회 등이 주무관청에 등록되었음을 입증하는 증빙서류).

  → 정치자금기부금의 경우 아래의 정치자금영수증(정치자금법 및 정치자금사무관리규칙에 규정).

- 기탁금 수탁증 또는 정치자금후원금 영수증

  ("중앙선거관리위원회 정치후원금센터"(https://www.give.go.kr) →기탁내역조회 또는 후원내역조회 → 영수증출력)

- 당비 영수증

- 무정액 영수증

- 정액 영수증

## [기부금 영수증 양식]

세법 시행규칙 [별지 제45호의2서식] <개정 2017. 3. 10.>

| 일련번호 |  |
|---|---|

# 기 부 금 영 수 증

아래의 작성방법을 읽고 작성하여 주시기 바랍니다.

### ❶ 기부자

| 성명(법인명) | 주민등록번호<br>(사업자등록번호) |
|---|---|
| 주소(소재지) | |

### ❷ 기부금 단체

| 단 체 명 | 사업자등록번호<br>(고유번호) |
|---|---|
| 소 재 지 | 기부금공제대상<br>기부금단체 근거법령 |

### ❸ 기부금 모집처(언론기관 등)

| 단 체 명 | 사업자등록번호 |
|---|---|
| 소 재 지 | |

### ❹ 기부내용

| 유 형 | 코 드 | 구 분 | 연월일 | 내용 품명 | 내용 수량 | 내용 단가 | 합계 | 공제대상<br>기부금액 | 공제제외 기부금<br>기부장려금<br>신청금액 | 공제제외 기부금<br>기타 |
|---|---|---|---|---|---|---|---|---|---|---|
|  |  |  |  |  |  |  |  |  |  |  |
|  |  |  |  |  |  |  |  |  |  |  |
|  |  |  |  |  |  |  |  |  |  |  |
|  |  |  |  |  |  |  |  |  |  |  |

「소득세법」 제34조, 「조세특례제한법」 제75조·제76조·제88조의4 및 「법인세법」 제24조에 따른 기부금을 위와 같이 기부하였음을 증명하여 주시기 바랍니다.

년    월    일

신청인          (서명 또는 인)

위와 같이 기부금을 기부받았음을 증명합니다.

년    월    일

기부금 수령인        (서명 또는 인)

### 성 방 법

1. ❷ 기부금 단체는 해당 단체를 기부금공제대상 기부금단체로 규정하고 있는 「소득세법」 또는 「법인세법」 등 관련 법령을 적어 기부금영수증을 발행해야 합니다.(예, 「소득세법 시행령」 제80조제1항제5호, 「법인세법 시행규칙」 제18조제1항)

2. ❸ 기부금 모집처(언론기관 등)는 방송사, 신문사, 통신회사 등 기부금을 대신 접수하여 기부금 단체에 전달하는 기관을 말하며, 기부금단체에 직접 기부한 경우에는 적지 않습니다.

3. ❹ 기부내용의 유형 및 코드는 다음 구분에 따라 적습니다. 이 경우 "법정", "지정", "종교단체" 유형에 해당하는 기부금 중 「조세특례제한법」 제75조에 따라 기부장려금단체에 기부장려금으로 신청한 기부금도 "법정", "지정", "종교단체" 유형으로 분류합니다.

| 기부금 구분 | 유형 | 코드 |
|---|---|---|
| 「소득세법」 제34조제2항, 「법인세법」 제24조제2항에 따른 기부금 | 법정 | 10 |
| 「조세특례제한법」 제76조에 따른 기부금 | 정치자금 | 20 |
| 「소득세법」 제34조제1항(종교단체 기부금 제외), 「법인세법」 제24조제1항에 따른 기부금 | 지정 | 40 |
| 「소득세법」 제34조제1항에 따른 기부금 중 종교단체기부금 | 종교단체 | 41 |
| 「조세특례제한법」 제88조의4에 따른 기부금 | 우리사주 | 42 |
| 필요경비(손금) 및 세액공제 대상에 해당되지 않는 기부금 | 공제제외 기타 | 50 |

4. ❹ 기부내용의 구분란에는 "금전기부"의 경우에는 "금전", "현물기부"의 경우에는 "현물"로 적고, 내용란은 현물기부의 경우에만 적습니다.

210mm×297mm[백상지 80g/㎡(재활용품)]

# 3

# 조세특례제한법상 세액공제

## (1) 통합고용세액공제 [조세특례제한법 제29조의 8]

2023년 1월 1일 이후 개시하는 과세연도 분부터 고용지원 제도를 통합한 "통합고용세액공제"를 신설하여 시행하고 있다.

◇ 기본 공제액 : 전년도 대비 증가 인원수 × 세액공제액

| (* 중소기업 기준) | 수도권 | 지 방 |
| --- | --- | --- |
| 청년 정규직 근로자, 장애인 근로자, 60세 이상 근로자, 경력단절 여성 | 1,450만 원 | 1,550만 원 |
| 상시 근로자 | 850만 원 | 950만 원 |

◇ 추가 공제액 : 육아휴직 복귀자 or 정규직 전환자 × 세액공제액

| (* 중소기업 기준) | 공제 금액 |
| --- | --- |
| 정규직 전환 근로자 | 1,300만 원 |
| 육아휴직 복귀자 | 1,300만 원 |

◇ 2차 및 3차 공제액 : 처음 공제받은 년도에서 2년 동안 근로자수가 같거나 증가했을 경우, 1차년도에 적용받았던 기본 공제액만큼을 추가로 적용이 가능하다.

## 1) 기본공제액

### 가. 공제 대상

내국인(소비성서비스업 등 대통령령으로 정하는 업종을 경영하는 내국인은 제외)의 2025년 12월 31일이 속하는 과세연도까지의 기간 중 해당 과세연도의 상시근로자의 수가 직전 과세연도의 상시근로자의 수보다 증가한 경우에는 소득세(사업소득에 대한 소득세만 해당한다) 또는 법인세에서 공제한다.

(* 제외 업종 : 호텔업 및 여관업(관광숙박업 제외), 주점업, 그 밖에 오락 유흥 등을 목적으로 하는 사업)

### 나. 공제 조건

ㄱ. 상시근로자

근로기준법에 따라 근로계약을 체결한 내국인 근로자를 말한다.

근로계약기간의 정함이 없는 정규직 근로자를 말하며 근로계약 당시 1년 단위 계약인 경우, 1년 이상 재직하며 계약 갱신이 이루어졌을 경우에 상시근로자로 인정한다. 또한, 대표자와 친인척 관계인 경우 제외한다.

● 상시근로자에서 제외되는 근로자

1. 근로계약기간이 1년 미만인 근로자(근로계약의 연속된 갱신으로 인하여 그 근로계약의 총 기간이 1년 이상인 근로자는 제외한다)
2. 「근로기준법」 제2조제1항제9호에 따른 단시간근로자. 다만, 1개월간의 소정근로시간이 60시간 이상인 근로자는 상시근로자로 본다.
3. 「법인세법 시행령」 제40조제1항 각 호의 어느 하나에 해당하는 임원
4. 해당 기업의 최대주주 또는 최대출자자(개인사업자의 경우에는 대표자를 말한다)와 그 배우자
5. 제4호에 해당하는 자의 직계존비속(그 배우자를 포함한다) 및 「국세기본법 시행

령」제1조의2제1항에 따른 친족관계인 사람

6. 「소득세법 시행령」 제196조에 따른 근로소득원천징수부에 의하여 근로소득세를
원천징수한 사실이 확인되지 아니하고, 다음 각 목의 어느 하나에 해당하는 금액
의 납부사실도 확인되지 아니하는 자
a. 「국민연금법」 제3조제1항제11호 및 제12호에 따른 부담금 및 기여금
b. 「국민건강보험법」 제69조에 따른 직장가입자의 보험료


ㄴ. 청년 근로자

15세 이상 34세 이하인 사람 중 다음 각 목에 해당하는 사람을 제외한 사람

(하단의 각 목의 어느 하나에 해당하는 병역을 이행한 사람의 경우 6년을 한도로 병역을

이행한 기간을 현재 연령에서 빼고 계산한 연령을 말한다)

a. 「기간제 및 단시간근로자 보호 등에 관한 법률」에 따른 기간제근로자 및 단시간근로자

b. 「파견근로자 보호 등에 관한 법률」에 따른 파견근로자

c. 「청소년 보호법」에 따른 청소년유해업소에 근무하는 같은 법에 따른 청소년


ㄷ. 장애인 근로자

「장애인복지법」의 적용을 받는 장애인, 「국가유공자 등 예우 및 지원에 관한 법률」에 따

른 상이자, 「5·18민주유공자예우 및 단체설립에 관한 법률」 제4조제2호에 따른 5·18민

주화운동부상자와 「고엽제 후유증 등 환자지원 및 단체설립에 관한 법률」에 따른 고엽제

후유의증환자로서 장애등급 판정을 받은 사람


ㄹ. 60세 이상 근로자

근로계약 체결일 현재 연령이 60세 이상인 사람


ㅁ. 경력단절여성

다음 요건을 모두 충족하는 여성을 말한다.

> 1. 해당 기업 또는 해당 기업과 대통령령으로 정하는 분류를 기준으로 동일한 업종의 기업에서 1년 이상 근무(대통령령으로 정하는 바에 따라 경력단절 여성의 근로소득세가 원천징수되었던 사실이 확인되는 경우로 한정한다)한 후 대통령령으로 정하는 결혼·임신·출산·육아 및 자녀교육의 사유로 퇴직하였을 것
> 2. 제1호에 따른 사유로 퇴직한 날부터 2년 이상 15년 미만의 기간이 지났을 것
> 3. 해당 기업의 최대주주 또는 최대출자자(개인사업자의 경우에는 대표자를 말한다)나 그와 대통령령으로 정하는 특수관계인이 아닐 것

※ 대통령령으로 정하는 결혼·임신·출산·육아 및 자녀교육의 사유

결혼: 퇴직한 날부터 1년 이내에 혼인한 경우(가족관계기록사항에 관한 증명서를 통하여 확인되는 경우로 한정한다)

임신: 퇴직한 날부터 2년 이내에 임신하거나 기획재정부령으로 정하는 난임시술을 받은 경우(의료기관의 진단서 또는 확인서를 통하여 확인되는 경우에 한정한다)

출산: 퇴직일 당시 임신한 상태인 경우(의료기관의 진단서를 통하여 확인되는 경우로 한정한다)

육아: 퇴직일 당시 8세 이하의 자녀가 있는 경우

자녀교육: 퇴직일 당시 「초·중등교육법」 제2조에 따른 학교에 재학 중인 자녀가 있는 경우

ㅂ. 단시간근로자

단시간근로자란 1개월간의 소정근로시간이 60시간 이상인 근로자 중 1주 동안의 소정근로시간이 그 사업장에서 같은 종류의 업무에 종사하는 통상 근로자의 1주 동안의 소정근로시간에 비하여 짧은 근로자를 말한다. 근로기준법 제2조 제1항 제9호에 따른 단시간 근로자라면 1명은 0.5명으로 하여 계산한다.

단시간 근로자의 경우, 청년이거나 60세 이상, 경력단절 여성이어도 청년 외 근로자로 분

류하여 계산한다.


ㅅ. 외국인근로자

상시근로자 제외 요건에 해당하지 않으면서 소득세법에 따른 거주자(국내에 주소를 두
거나 183일 이상의 거소를 둔 개인)인 경우에는 상시근로자에 해당한다. 국민연금에 가
입하지 않았더라도 근로소득세를 원천징수한 사실을 확인할 수 있는 경우라면 상시근로
자에 해당한다.


## 다. 근로자 수 계산

ㄱ. 상시근로자 수 계산방법

상시근로자 수 및 청년등 상시근로자 수는 다음 각 호의 구분에 따른 계산식에 따라 계산
한 수 (100분의 1 미만의 부분은 없는 것으로 한다) 로 한다.


＊상시근로자 수

$$\frac{\text{해당 과세연도의 매월 말 현재 상시근로자 수의 합}}{\text{해당 과세연도의 개월 수}}$$


＊청년근로자 수

$$\frac{\text{해당 과세연도의 매월 말 현재 청년등상시근로자 수의 합}}{\text{해당 과세연도의 개월 수}}$$


• 근로자 수 계산사례

| 2025 | 1월말 | 2월말 | 3월말 | 4월말 | 5월말 | 6월말 | 7월말 | 8월말 | 9월말 | 10월말 | 11월말 | 12월말 |
|---|---|---|---|---|---|---|---|---|---|---|---|---|
| 청년 등 | 3 | 3 | 3 | 4 | 4 | 4 | 4 | 4 | 4 | 4 | 4 | 4 |
| 청년 외 | 2 | 2 | 2 | 1 | 1 | 1 | 0 | 0 | 1 | 1 | 1 | 1 |
| 상시 | 5 | 5 | 5 | 5 | 5 | 5 | 4 | 4 | 5 | 5 | 5 | 5 |

상시근로자 수 : (5+5+5+5+5+5+4+4+5+5+5+5) / 12 = 4.83 (명)

청년근로자 수 : (3+3+3+4+4+4+4+4+4+4+4+4) / 12 = 3.75 (명)


ㄴ. 창업했을 때 근로자 수 계산방법

해당 과세연도에 창업 등을 한 내국인의 경우에는 다음의 구분에 따른 수를 직전 또는 해당 과세연도의 상시근로자 수로 본다.

- 창업한 경우 직전년도 근로자 수

창업으로 보지 않는 경우(조특법 제 6조 10항[46])를 제외하고 직전년도 근로자 수는 0명으로 본다.

- 창업으로 보지 않는 경우 직전년도 근로자 수

조특법 제6조 10항 1호부터 3호까지의 규정에 해당하는 경우, 직전년도의 상시근로자 수는 종전 사업, 법인전환 전의 사업 또는 폐업 전의 사업의 직전 과세연도 상시근로자 수로 한다.

- 사업의 양수 등이 일어났을 경우 직전년도 근로자 수 및 당해년도 근로자 수

직전 과세연도의 상시근로자 수는 승계시킨 기업의 경우에는 직전 과세연도 상시근로자 수에 승계시킨 상시근로자 수를 뺀 수로 하고, 승계한 기업의 경우에는 직전 과세연도 상시근로자 수에 승계한 상시근로자 수를 더한 수로 하며, 해당 과세연도의 상시근로자 수는 해당 과세연도 개시일에 상시근로자를 승계시키거나 승계한 것으로 보아 계산한 상시근로자 수로 한다.

---

[46] 조세특례제한법 제6조 창업중소기업 등에 대한 세액감면

(중략)

⑩ 제1항부터 제9항까지의 규정을 적용할 때 다음 각 호의 어느 하나에 해당하는 경우는 창업으로 보지 아니한다.

1. 합병·분할·현물출자 또는 사업의 양수를 통하여 종전의 사업을 승계하거나 종전의 사업에 사용되던 자산을 인수 또는 매입하여 같은 종류의 사업을 하는 경우. 다만, 다음 각 목의 어느 하나에 해당하는 경우는 제외한다.

　가. 종전의 사업에 사용되던 자산을 인수하거나 매입하여 같은 종류의 사업을 하는 경우 그 자산가액의 합계가 사업 개시 당시 토지·건물 및 기계장치 등 대통령령으로 정하는 사업용자산의 총가액에서 차지하는 비율이 100분의 50 미만으로서 대통령령으로 정하는 비율 이하인 경우

　나. 사업의 일부를 분리하여 해당 기업의 임직원이 사업을 개시하는 경우로서 대통령령으로 정하는 요건에 해당하는 경우

2. 거주자가 하던 사업을 법인으로 전환하여 새로운 법인을 설립하는 경우

3. 폐업 후 사업을 다시 개시하여 폐업 전의 사업과 같은 종류의 사업을 하는 경우

4. 사업을 확장하거나 다른 업종을 추가하는 경우 등 새로운 사업을 최초로 개시하는 것으로 보기 곤란한 경우

## 라. 공제금액 계산 예시 (수도권)

### 전체 증가 및 2차년도 3차년도 공제 계산 방법

| 연도 | 전체 상시근로자 | 청년 근로자 | 청년 외 근로자 |
| --- | --- | --- | --- |
| 2024 | 4 | 2 | 2 |
| 2025 | 7 | 3 | 4 |
| 2026 | 8 | 4 | 4 |
| 2027 | 10 | 5 | 5 |

ㄱ. 2025년 귀속

▶ 1차년도 공제금액 계산

전체 상시근로자 증가량 : 7명 - 4명 = 3명

청년 근로자 증가량 : 3명 - 2명 = 1명

청년 외 근로자 : 4명 - 2명 = 2명

1명 × 14,500,000원 + 2명 × 8,500,000원 = 31,500,000 원

ㄴ. 2026년 귀속

▶ 1차년도 공제금액 계산

전체 상시근로자 증가량 : 8명 - 7명 = 1명

청년 근로자 증가량 : 4명 - 3명 = 1명

청년 외 근로자 : 4명 - 4명 = 0명

1명 × 14,500,000원 = 14,500,000 원

▶ 2차년도 공제금액 계산

2025년 근로자 수와 비교했을 때 줄어들지 않았으므로 2025년에 적용받았던 1차년도 공제금액을 한 번 더 공제한다.

1차년도 + 2차년도 = 14,500,000원 + 31,500,000원 = 46,000,000 원


ㄷ. 2027년 귀속

▶ 1차년도 공제금액 계산

전체 상시근로자 증가량 : 10명 - 8명 = 2명

청년 근로자 증가량 : 5명 - 4명 = 1명

청년 외 근로자 : 5명 - 4명 = 1명

1명 × 14,500,000원 + 1명 × 8,500,000원 = 23,000,000 원


▶ 2차년도 공제금액 계산

2026년 근로자 수와 비교했을 때 줄어들지 않았으므로 2026년에 적용받았던 1차년도 공제금액을 한 번 더 공제한다.


▶ 3차년도 공제금액 계산

2025년 근로자 수와 비교 했을 때 줄어들지 않았으므로 2025년에 적용받았던 1차년도 공제금액을 마지막으로 한 번 더 공제한다.


1차년도 + 2차년도 + 3차년도 =

31,500,000원 + 14,500,000원 + 31,500,000원 = 69,000,000 원


## 2) 추가공제


### 가. 정규직 전환자 추가공제

병의원에서 2023년 6월 30일 당시 고용하고 있는 기간제근로자 및 단시간근로자를 2024년 1월 1일부터 2024년 12월 31일까지 기간의 정함이 없는 근로계약을 체결한 근로자로 전환했

을 경우 1인당 1,300만 원을 곱한 금액을 해당 과세연도의 소득세에서 공제한다. 다만, 해당 과세연도에 상시근로자 수가 직전 과세연도의 상시근로자 수보다 감소한 경우에는 공제하지 않는다.

해당 규정은 이미 개원한 원장에게는 적용하지만 25년 현재는 일몰되어 '나'목의 규정과 합하여 인당 1,300만 원 공제이기에 25년 이후 신규로 개원하는 원장은 하기의 '나'의 항목만 해당한다.

### 나. 육아휴직 복귀자 추가공제

다음 하단의 요건을 모두 충족하는 육아휴직 복귀자를 2025년 12월 31일까지 복직시키는 경우에는 육아휴직 복귀자 인원에 1,300만 원을 곱한 금액을 복직한 날이 속하는 과세연도의 소득세(사업소득에 대한 소득세만 해당한다) 에서 공제한다. 다만, 해당 과세연도에 해당 병의원의 상시근로자 수가 직전 과세연도의 상시근로자 수보다 감소한 경우에는 공제하지 않는다.

① 해당 병의원에서 1년 이상 근무하였을 것(대통령령으로 정하는 바에 따라 해당 병의원이 육아휴직 복귀자의 근로소득세를 원천징수하였던 사실이 확인되는 경우로 한정한다)
②「남녀고용평등과 일·가정 양립 지원에 관한 법률」제19조제1항에 따라 육아휴직한 경우로서 육아휴직 기간이 연속하여 6개월 이상일 것
③ 해당 병의원 대표원장과 그의 대통령령으로 정하는 특수관계에 있는 사람이 아닐 것

* 위 두 개의 세액공제를 각각 공제받은 자가 정규직 근로자로의 전환일 또는 육아휴직 복직일부터 2년이 지나기 전에 해당 근로자와의 근로관계를 종료하는 경우에는 근로관계가 종료한 날이 속하는 과세연도의 과세표준신고를 할 때 공제받은 세액에 상당하는 금액(공제금액 중 공제받지 못하고 이월된 금액이 있는 경우에는 그 금액을 차감한 후의 금액을

말한다)을 소득세로 납부하여야 한다. 즉, 2년 이내 해당 인원에 대해 근로계약이 종료될 경우 인당 1,300만 원을 그대로 다시 납부하거나 이월액에서 차감하게 되는데 병의원 현실상 장기근속자가 드물기에 실무상 적용에는 실익이 없는 경우도 존재한다.

### 3) 사후관리

최초로 공제를 받은 과세연도의 종료일부터 2년이 되는 날이 속하는 과세연도의 종료일까지의 기간 중 전체 상시근로자의 수가 최초로 공제를 받은 과세연도에 비하여 감소한 경우에는 감소한 과세연도부터 2차 공제 및 3차 공제에 해당하는 추가공제를 적용하지 아니하고 청년등상시근로자의 수가 최초로 공제를 받은 과세연도에 비하여 감소한 경우에는 감소한 과세연도부터 청년등 상시근로자에 대한 공제를 적용하지 아니한다.

이 경우 대통령령으로 정하는 바에 따라 공제받은 세액에 상당하는 금액(공제받지 못하고 이월된 금액이 있는 경우에는 그 금액을 차감한 후의 금액을 말한다)을 소득세 또는 법인세로 납부하여야 한다.

### 4) 기타 유의 사항

① 통합고용세액공제는 최저한세 적용 대상이다.

② 공제 받지 못한 부분에 상당하는 금액은 해당 과세연도의 다음 과세연도 개시일부터 10년 이내에 끝나는 각 과세연도에 이월하여 그 이월된 각 과세연도의 소득세 또는 법인세에서 공제한다.

③ 통합고용세액공제를 적용받은 경우에는 당해 공제세액의 20%를 농어촌특별세로 납부해야한다.

④ 창업중소기업 추가감면과 중복 적용을 배제한다.

## (2) 중소기업에 대한 특별세액감면 [조세특례제한법 제7조]

### 가. 일반적인 경우

ㄱ. 중소기업 중 감면업종을 경영하는 기업에 대해서는 해당 사업장에서 발생한 소득에 대한 소득세에 다음의 구분에 따른 감면 비율을 곱하여 계산한 세액상당액을 감면한다.

ㄴ. 의료기관(보건업)의 중소기업 기준

(중소기업법 제2조 및 동법 시행령 제3조)

중소기업이란 다음의 요건을 모두 충족하는 기업을 말한다.

① 규모요건: 매출액이 600억 원 이하일 것(소기업 : 10억 원 이하)

② 상한기준: 자산총액 5,000억 원 미만일 것

ㄷ. 「의료법」에 따른 의료기관(의원·치과의원 및 한의원)의 경우 다음의 요건을 모두 충족 시 감면규정을 적용한다.

① 해당 과세연도의 수입금액(기업회계기준에 따라 계산한 매출액)에서 요양급여비 용이 차지하는 비율이 80% 이상일 것

② 해당 과세연도의 종합소득금액이 1억 원 이하일 것

ㄹ. 감면비율

① 소기업의 경우: 10%(사업장 소재지 불문)

② 중기업의 경우

- 사업장 소재지가 수도권 외에 소재하는 경우: 5%

- 사업장 소재지가 수도권 내에 소재하는 경우: 감면배제

ㅁ. 감면세액의 계산: 산출세액 × 감면대상소득/과세표준 × 감면비율

ㅂ. 감면한도: 다음의 구분에 따른 금액을 한도로 한다

① 해당 과세연도의 상시근로자수가 직전 과세연도의 상시근로자수보다 감소한 경우: 1억 원 - 500만 원 × 감소한 상시근로자 수 (음수인 경우 0)

② 그 밖의 경우 : 1억 원

## 나. 10년 이상 경영한 성실중소기업

다음의 요건을 모두 충족하는 중소기업의 경우 위 4)의 감면비율에 11%를 곱한 감면비율을 적용한다.

① 해당 과세연도 개시일 현재 10년 이상 계속하여 해당 업종을 경영할 것

② 해당 과세연도의 종합소득금액이 1억 원 이하일 것

③「소득세법」에 따른 성실사업자로서 일정한 요건을 갖출 것

## 다. 감면효과사례 → (가정 : 타소득 및 타공제 없음)

|  | 소기업 해당 A원장<br>(소재지 무관) |
| --- | --- |
| 소득금액 | 100,000,000원 |
| 기본공제 | 1,500,000원 |
| 세율 | 24% |
| 산출세액 | 18,420,000원 |
| 감면세액 | 1,842,000원 |

## (3) 통합투자세액공제 [조세특례제한법 제24조]

## 1) 내용

의료기관(보건업)의 사업을 경영하는 내국인이 공제대상 자산에 투자(중고품 및 금융리스 이외 리스에 의한 투자는 제외)하는 경우에는 기본공제 금액과 추가공제 금액을 합한 금액을

투자가 이루어지는 과세연도의 소득세에서 공제한다. 수도권과밀억제권역인 경우 대체투자에 해당하는 경우에만 적용이 가능하다.

## 2) 공제대상 자산

ㄱ. 기계장치 등 사업용 유형자산(단, 차량, 토지 및 건축물 등은 제외)

ㄴ. 위 1)에 해당하지 아니하는 유형자산 및 무형자산으로 연구 및 시험, 직업훈련, 에너지 절약, 근로자복지 증진 등의 목적으로 사용되는 사업용자산

## 3) 공제금액

### 가. 기본공제 금액

해당 과세연도에 투자한 금액에 다음의 구분에 따른 비율을 곱한 금액에 상당하는 금액을 공제한다.

ㄱ. 중소기업 : 10%

ㄴ. 중견기업 : 5%

ㄷ. 그 밖의 경우 : 1%

### 나. 추가공제 금액(한도 : 기본공제금액의 2배)

해당 과세연도에 투자한 금액이 해당 과세연도의 직전 3년간 연평균 투자금액을 초과하는 경우 그 초과하는 금액의 10%에 상당하는 금액을 공제한다. 단, 추가공제 금액이 기본공제 금액을 초과하는 경우 기본공제 금액의 2배를 한도로 한다.

## 4) 투자세액공제연도

투자가 2개 이상의 과세연도에 걸쳐서 이루어지는 경우 그 투자가 이루어지는 과세연도마다 해당 과세연도에 투자한 금액에 대하여 세액공제를 적용한다.

## 5) 사후관리

세액공제를 받은 자가 투자완료일로부터 5년 이내의 기간 중 다음의 기간 내에 그 자산을 다른 목적으로 전용하는 경우에는 공제받은 세액공제 상당액에 이자 상당 가산액을 가산하여 소득세로 납부하여야 한다. 이 경우 해당 세액은 소득세법에 따라 납부하여야할 세액으로 본다.

   ㄱ. 건축물 또는 구축물 : 5년

   ㄴ. 그 밖의 사업용자산 : 2년

   ㄷ. 이자상당가산액 : 공제세액 × 이자계산기간 × 0.022%

     ※ 이자계산기간 : 세액공제를 받은 사업연도의 과세표준신고일의 다음날부터 해당사유가 발생한 날이 속하는 사업연도의 과세표준신고일까지의 기간


[참고]

   ◇ 서면법령해석법인2021-7339, 2021. 12. 30.

   무주택 종업원에게 상시 주거용으로 임대하기 위해 주택법에서 규정하는 국민주택 규모의 오피스텔을 취득하는 경우 통합투자세액공제가 가능한 자산에 해당하는 것이며, 해당 오피스텔이 무주택 종업원에게 상시 주거용으로 임대되는 지 여부는 사실판단 할 사항임.

   ◇ 수도권과밀억제권역의 투자에 대한 세액공제 배제

   단, 대체투자의 경우 수도권과밀억제권역 내의 투자에 대해서도 세액공제 적용가능

   ◇ 미공제세액 10년간 이월공제

## 6) 감면효과 및 사례 → 가정: 타소득 및 타공제 없음

| | 부산 소재 A원장<br>의료기기 1억 원 투자 | 광주 소재 B원장<br>의료기기 1억 원 투자<br>(직전 3개년도<br>연평균 투자액 5천만 원) | 서울 소재 C원장<br>의료기기 1억 원 대체투자 |
|---|---|---|---|
| 소득금액 | 1,000,000,000원 | 1,000,000,000원 | 1,000,000,000원 |
| 기본공제 | 1,500,000원 | 1,500,000원 | 1,500,000원 |
| 세율 | 42% | 42% | 42% |
| 산출세액 | 383,970,000원 | 383,970,000원 | 383,970,000원 |
| 감면세액 | 12,000,000원 | 17,000,000원<br>(기본공제 1200만 원<br>+ 추가공제 5백만 원) | 12,000,000원 |

## (4) 연구개발비 세액공제 [조세특례제한법 제 10조]

### 1) 개요

내국인의 연구개발 및 인력개발을 위한 비용 중 대통령령으로 정하는 비용(이하 "연구·인력개발비"라 한다)이 있는 경우에는 다음의 금액을 해당 과세연도의 소득세(사업소득에 대한 소득세만 해당한다) 또는 법인세에서 공제한다.

### 2) 공제금액

법령에서는 다음의 비용외에 일부 금액[47]을 합한 금액을 공제하도록 하고 있는데 병의원은 실무상 다음의 사항만 적용되는 경우가 많다.

---

[47]  1. 연구·인력개발비 중 대통령령으로 정하는 신성장동력산업 분야의 연구개발비(이하 이 조에서 "신성장동력연구개발비"라 한다)에 대해서는 해당 과세연도에 발생한 신성장동력연구개발비에 100분의 20(중소기업의 경우에는 100분의 30)을 곱하여 계산한 금액
2. 연구·인력개발비 중 대통령령으로 정하는 원천기술을 얻기 위한 연구개발비(이하 이 조에서 "원천기술연구개발비"라 한다)에 대해서는 해당 과세연도에 발생한 원천기술연구개발비에 100분의 20(중소기업의 경우에는 100분의 30)을 곱하여 계산한 금액

"일반연구·인력개발비"의 경우에는 다음 중에서 선택하는 어느 하나에 해당하는 금액을 공제한다. 다만, 해당 과세연도의 개시일부터 소급하여 4년간 일반연구·인력개발비가 발생하지 아니하거나 직전 과세연도에 발생한 일반연구·인력개발비가 해당 과세연도의 개시일부터 소급하여 4년간 발생한 일반연구·인력개발비의 연평균 발생액보다 적은 경우에는 '나'에 해당하는 금액을 공제한다.

ㄱ. 해당 과세연도에 발생한 일반연구·인력개발비가 직전 과세연도에 발생한 일반연구·인력개발비를 초과하는 경우 기본적으로 그 초과하는 금액의 25%이나, 병의원의 경우 일반적으로 대통령령으로 정하는 중소기업의 경우에 해당하므로 50%을 적용한다.

ㄴ. 해당 과세연도에 발생한 일반연구·인력개발비에 다음의 구분에 따른 비율을 곱하여 계산한 금액

① 중소기업인 경우: 25%

② 중소기업이 대통령령으로 정하는 바에 따라 최초로 중소기업에 해당하지 아니하게 된 경우 : 다음의 구분에 따른 비율

　ⅰ. 최초로 중소기업에 해당하지 아니하게 된 과세연도의 개시일부터 3년 이내에 끝나는 과세연도까지: 20%

　ⅱ. ⅰ의 기간 이후부터 2년 이내에 끝나는 과세연도까지: 15%

③ 중견기업이 2)에 해당하지 아니하는 경우: 8%

④ ①부터 ③까지의 어느 하나에 해당하지 아니하는 경우: 다음 계산식에 따른 비율 (100분의 2를 한도로 한다)

해당 과세연도의 수입금액에서 일반연구·인력개발비가 차지하는 비율 × 2분의 1

# 3) 계산사례

각 연도별로 지출한 병의원에서 지출한 연구인력개발비는 아래와 같다.

| 일반연구 인력개발비 | | | | | |
| --- | --- | --- | --- | --- | --- |
| 연도 | 2021 | 2022 | 2023 | 2024 | 2025 |
| 지출액 | 100 | 200 | 300 | 400 | 500 |

[가정]

* 중소기업기본법에 따른 중소기업으로 가정

* (신성장, 원천기술, 국가 전략 기술이 아닌) 일반 연구인력개발비에 해당

◇ 2025년도 연구인력개발비 세액공제 계산 과정

ⅰ. 직전연도 발생액과 직전 4년간 연평균 발생액 비교

- 직전 4년간 연평균 발생액 : (100+200+300+400)/4 = 250

- 직전연도 발생액 : 400

ⅱ. 4년간 연평균 발생액이 크면 아래의 기준에 따름

max(①,②) = 125

①: 증가액 기준 → (당기 발생액 - 전기 발생액) * 50%

(500 - 400) * 50% = 50

②: 당기 발생액 기준 → 당기 발생액 * 25%

500 * 25% = 125

참고. 직전 4년간 연구인력개발비가 발생하지 않았거나, 직전 연도의 연구인력개발비가 직
전 4년간 연평균 발생액보다 적은 경우에는 당기 발생액 기준으로 공제액을 계산한다.


예. 2024년 발생액이 100 인 경우, 직전 4년간 연평균 발생액 → (100+200+300+100)/4 =
175
2025년 귀속 세액공제액 : 500 * 25% = 125


## 〈참고. 연구인력 개발비 관련 자료〉


1. 사전법령해석법인2021-1632(2021.12.07.)


[제목] 청년내일채움공제 기업부담금의 손금 여부 등
[요약] 청년내일채움공제에 가입함에 따라 납입하는 기업부담금은 손금에 산입되며, 연
구·인력개발비세액공제 대상에도 해당하는 것임


[내용]
「중소기업기본법」 제2조 제1항에 따른 중소기업이 「중소기업 인력지원 특별법」 제35조의
6과 「고용정책 기본법」 제25조 및 「청년고용촉진 특별법」 제7조에 따른 청년내일채움공제에
가입함에 따라 납입하는 기업부담금은 「법인세법」 제19조 및 같은 법 시행령 제19조 제20호
에 따라 손금에 산입되며 해당 기업부담금은 「조세특례제한법 시행규칙」 제7조제10항제4호
에 따른 연구·인력개발비세액공제 대상에 해당하는 것임


2. 국세청 해석사례집 - 검토내용


《청년내일채움공제 기업부담금의 손금 여부》

○ 법인령 §19(20)는 「중소기업 인력지원 특별법」 제35조의3에 따른 성과보상기금의 재원
인 '중소기업이 부담하는 기여금'은 손금에 해당하는 것으로 규정

○ 청년내일채움공제 약관상 "성과보상기금"은 「중소기업 인력지원 특별법」 제35조의3에
따라 설치·조성된 재원이고(약관 §2(3))

- 기업기여금은 「중소기업 인력지원 특별법」 제35조의3 제1항 제1호(제1항: 성과보상기금
의 재원, 제1호: 중소기업이 부담하는 기여금)에 따라 납부되는 것인바(약관 §2(8))

- 본 건, 기업기여금 중 기업이 순수 부담하는 기업부담금은 법인령 §19(20)에 따른 성과보
상기금의 재원인 '중소기업이 부담하는 기여금'에 해당하므로 손금산입됨

《청년내일채움공제 기업부담금의 R&D세액공제 해당 여부》

○ 청년내일채움공제 '기업기여금'은 중소기업 핵심인력의 장기근속 및 자산형성을 위해,
「중소기업 인력지원 특별법」 제35조의3 제1항 제1호(제1항: 성과보상기금의 재원, 제1
호: 중소기업이 부담하는 기여금)에 따라 성과보상기금에 납입되는 것인바(청년내일채
움공제 약관 §2(8))

- 본 건, 기업기여금 중 기업이 순수 부담하는 기업부담금은 조특규칙 §7⑩(4)에 따른 성과
보상기금 납입비용에 해당하므로 연구·인력개발비세액공제 대상임

## (5) 성과공유 중소기업에 대한 세액공제 [조세특례제한법 제19조]

### 1) 혜택 (2025년 기준, 27년 12월 31일까지 지급한 경영성과급에 한함)

- 사업주: 지급하는 경영성과급의 10%에 상당하는 금액을 세액공제
- 근로자: 지급받는 경영성과급에 대한 소득세의 50%에 상당하는 세액감면

### 2) 요건

(아래 'ㄱ.~ㄹ.' 모두 충족)

ㄱ. 중소기업 인력지원 특별법 시행령 제26조의2의 1조 1항 1호~6호 중 어느 한 유형 에 해당하는 방법으로 근로자와 성과를 공유하는 중소기업일 것

**〈대표 유형〉(1호)**

중소기업과 근로자가 경영목표 설정 및 그 목표 달성에 따른 성과급 지급에 관한 사항을 사전에 서면으로 약정하고 이에 따라 근로자에게 지급하는 성과급(우리사주조합을 통하여 성과급으로서 근로자에게 지급하는 우리사주를 포함한다) 제도의 운영

1. 사업주와 근로자간에 근로계약, 취업규칙, 단체협약, 미래성과공유협약 등을 통해 매출액, 영업이익 등의 경영목표와 목표 달성에 따른 성과급 지급기준을 사전에 서면으로 약정하여야 한다.
2. 제1호에 따른 서면 약정은 성과급 지급일을 기준으로 3개월 이전에 이루어져야 한다.
3. 성과급은 다음 각 목과 같이 현금 또는 주식으로 지급하여야 한다.
   가. 현금 : 경영목표 달성에 따른 성과를 근로자와 공유하기 위해 사업주가 성과급으로 지급하는 성과공유 상여금
   나. 주식 : 우리사주제도 실시회사 또는 그 주주 등이 우리사주조합기금에 출연한 금전과 물품으로 지급하는 성과급으로 우리사주조합을 통해 근로자에게 지급하는 우리사주

ㄴ. 성과공유기업으로 확인을 받으려는 중소기업은 상기 시행령의 유형(1호~6호의 한 유형)의 어느 하나에 해당함을 증명하는 서류를 첨부하여 중소벤처기업부장관에게 "성과공유기업 확인서"신청 및 발급받을 것

(아래 서류는 상기 〈대표 유형〉 (1호) 에 해당하는 경우 발급 시 구비해야 할 서류)

① 성과공유 기업 확인 신청서

② 경영목표 및 목표달성에 따른 지급기준 등이 포함된 약정서, 근로계약서, 취업규칙, 단체협약, 미래성과공유협약서 중 어느 하나와 다음 각 목에 해당하는 서류를 제출할 것(대표적으로, 성과공유 상여금의 경우 급여명세서, 임금대장(세무사 확인필) 또는 근로소득원천징수영수증 등 증빙 서류를 제출)

ㄷ. 아래의 어느하나에 해당하는 사람은 제외하여 성과급 산정할 것

① 임원, 총급여 7천만 원 초과인 자

② 해당 기업의 최대주주 또는 최대출자자(개인사업자의 경우에는 대표자)

③ 해당 기업의 최대주주 또는 최대출자자와 그 배우자의 직계존비속

ㄹ. 해당 과세연도의 상시근로자 수가 직전 과세연도의 상시근로자 수보다 감소하지 아니할 것

## 3) 사례

정형외과를 운영하고 있는 A원장은 최근 해당 조문을 확인 후 과거 직원 도수치료에 따른 인센티브 지급액을 경영성과급으로 간주하여 세액공제 적용에 따른 종합소득세 경정청구를 신청하려 한다. A원장의 도수치료에 따른 인센티브는 세액공제 대상에 해당할까?

우선 A원장이 지급하는 인센티브가 상기 요건에 따른 성과급인지 여부를 확인해야 한다. 세액공제 대상 성과급이란 사업주와 근로자가 사전에 경영목표를 설정하고 근로자들의 참여와 노력으로 경영목표를 달성한 경우 약정한 내용에 따라 근로자에게 현금 또는 주식으로 지급하는 금품을 의미한다.

세액공제 대상 성과급에 해당하는지 확인하기 위해 우선 A원장이 지급한 인센티브가 경영목표를 달성하여 지급한 경우인지 살펴보아야 하는데 경영목표란 병의원 전체의 매출액, 영업이익 등 실적에 연계하여 사전 약정한 목표이며 성과급은 이에 따른 수치화 한 목표치를 달성한 때 지급하는 경우에 해당한다고 볼 수 있다. 실무에서 일반적으로 적용하는 도수치료 환자 한명당 2-3만 원을 인센티브로 추가지급한다는 약정은 해당 세액공제에서 의미하는 성과급과는 해석상 차이가 존재한다.

한편 A원장은 경정청구 대상 기간에 성과공유기업 확인서를 발급받지 못한 채 인센티브를 지급했으나 성과공유기업 확인서를 반드시 발급받지 않아도 다른 세액공제 요건을 충족하는 경우 세액공제 대상에 해당[48]한다.

그러나 현실적으로 국세 공무원들이 일일이 각 기업의 성과급 유형에 따른 요건을 검토하기가 힘들기 때문에 보다 객관적 증빙자료인 성과공유기업 확인서를 갖추지 않은 경우 사후관리가 발생할 수 있고, 해당 서류를 구비하지 않는 경우 각 유형에 해당한다는 소명을 납세자가 하기가 쉽지 않기 때문에 성과공유기업 확인서는 발급받는 것이 좋다.

경정청구 결과 A원장은 해당 인센티브가 세액공제 대상 경영성과급에 해당하지 않는 이유로 인용받지 못하였고 이에 따라 경정청구는 기각되었다. 비록 인센티브가 사전 약정하여 근로자와 협약을 했을지라도 그 내용이 병원의 전반적인 경영목표와 관련이 있어야 하고 이에 따른 목표를 달성한 경우 지급하는 금원이어야 세액공제를 적용받을 수 있다는 것을 알 수 있다. 또한 매출액이나 영업이익과 같은 산술적 수치에 비례하여 지급하는 것이어야 한다는 것도 유의해야 한다.

---

48) 조특, 서면-2020-법령해석법인-1920

〈성과공유기업 확인 신청서〉

【별지 제1호 서식】

<table>
<tr><td colspan="3" rowspan="2"> 성과공유기업 확인 신청서 </td><td>처리기간</td></tr>
<tr><td> 14일 </td></tr>
<tr><td rowspan="6">신청인</td><td>업체명</td><td></td><td>사업자등록번호</td><td></td></tr>
<tr><td>대표자</td><td></td><td>법인등록번호</td><td></td></tr>
<tr><td>업 종</td><td>(산업분류코드:□□□□□)</td><td>주 생산품</td><td></td></tr>
<tr><td rowspan="2">본사 □□□-□□□</td><td></td><td colspan="2">전화</td></tr>
<tr><td></td><td colspan="2">팩스</td></tr>
<tr><td colspan="2" rowspan="2">공장 □□□-□□□</td><td colspan="2">전화</td></tr>
<tr><td colspan="2">팩스</td></tr>
</table>

확인신청내용 (해당 형태 및 유형에 체크)

| 성과공유 유형 | 성과공유도입기업 | 미래성과공유기업 |
|---|---|---|
| ① 성과급 지급 | | |
| ② 성과보상공제사업의 가입 | | |
| ③ 임금수준의 상승 | | |
| ④ 우리사주제도 운영 | | |
| ⑤ 사내(공동)근로복지기금 운영 | | |
| ⑥ 주식매수선택권제도 부여 | | |
| ⑦ 기타유형 | | |

* ⑦ 기타유형 : 인재육성형중소기업, 직무발명보상우수기업, 인적자원개발우수기업,
　　　　　　　가족친화인증기업, 노사문화우수기업, 청년친화강소기업, 복지지원 중소기업

「중소기업 인력지원 특별법 시행령」 제26조의2 및 「중소기업-근로자간
성과공유 확인 및 지원에 관한 고시」 에 의한 성과공유기업임을 확인하여
주시기 바랍니다.

년　　월　　일

신청인　　　　　(서명 또는 인)

중소벤처기업부장관 귀하

※ 확인서류 제출처 : 중소기업인력지원사업종합관리시스템(https://sanhakin.mss.go.kr)

# 네비게이션 목차

## III. 직원구인단계 … 71

# 병원개원 세무

ⓒ 세무법인 진솔 · 택스스퀘어, 2025

개정증보판 1쇄 발행 2025년 5월 1일

지은이      세무법인 진솔 · 택스스퀘어
펴낸이      이기봉
편집        좋은땅 편집팀
펴낸곳      도서출판 좋은땅
주소        서울특별시 마포구 양화로12길 26 지월드빌딩 (서교동 395-7)
전화        02)374-8616~7
팩스        02)374-8614
이메일      gworldbook@naver.com
홈페이지    www.g-world.co.kr

ISBN    979-11-388-4235-8 (13320)


- 가격은 뒤표지에 있습니다.
- 이 책은 저작권법에 의하여 보호를 받는 저작물이므로 무단 전재와 복제를 금합니다.
- 파본은 구입하신 서점에서 교환해 드립니다.